国家科技进步奖获奖丛书

物理改变世界

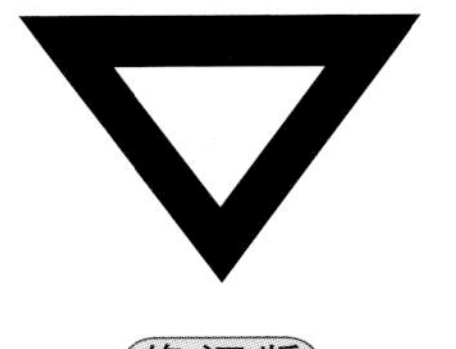

（修订版）

边缘奇迹

相变和临界现象

Phase Transitions and Critical Phenomena

于　渌　郝柏林　陈晓松　著

科学出版社

北京

内 容 简 介

0℃时冰溶化成水，100℃时水沸腾成蒸汽，这种现象司空见惯。仔细想想，为什么在单个水分子结构不变、相互作用不变的情况下，这么多水分子会不约而同地从一个相“变”到另一个相呢？“新相”在“老相”中又如何“孕育”、“形成”？

本书将带领读者进入千奇百怪、绚丽多彩的“相变世界”：从物质三态变化、铁磁、铁电、液晶相变，到玻色-爱因斯坦凝聚、超流和超导。书中还把平衡态相变的概念推广到其他系统，包括几何相变和非平衡相变。全书通过对相变和临界现象的介绍，阐述热力学和统计物理的基本概念，从熵的引入、统计配分函数，到对称破缺、标度律和普适性。同时也描述了研究相变现象的基本理论方法，包括平均场近似、标度分析、重正化群、统计模型精确解和计算机数值模拟等，还介绍了相变研究的最新进展，如有限系统的临界现象和量子相变。

本书为理论物理的基础读物，内容丰富、叙述生动、插图精彩，可供具有理工科大学初年级文化程度的读者阅读。

图书在版编目（CIP）数据

边缘奇迹：相变和临界现象 / 于渌，郝柏林，陈晓松著.
—北京：科学出版社，2016.4
（物理改变世界）
ISBN 978-7-03-047723-1

Ⅰ. ①边… Ⅱ. ①于…②郝…③陈… Ⅲ. ①相变－普及读物②临界现象－普及读物 Ⅳ. ①O414.13-49

中国版本图书馆 CIP 数据核字（2016）第 050679 号

责任编辑：姜淑华 侯俊琳 田慧莹 / 责任校对：刘亚琦
责任印制：赵 博 / 整体设计：黄华斌

科学出版社 出版
北京东黄城根北街 16 号
邮政编码：100717
http://www.sciencep.com
天津市新科印刷有限公司印刷
科学出版社发行 各地新华书店经销
*
2016 年 4 月第 二 版 开本：720×1000 1/16
2024 年 1 月第十一次印刷 印张：12 3/4 插页：4
字数：166 000
定价：48.00 元
（如有印装质量问题，我社负责调换）

图 1.2　六角冰晶照片

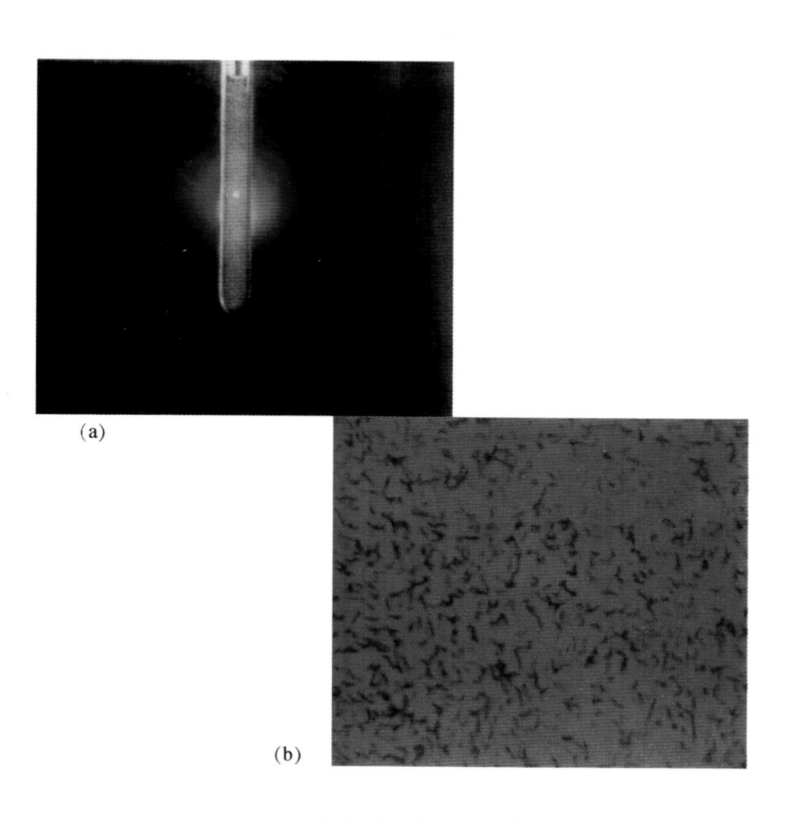

图 4.10　临界乳光照片（贝依森赠）

图 9.4　少数几层分子的肥皂膜

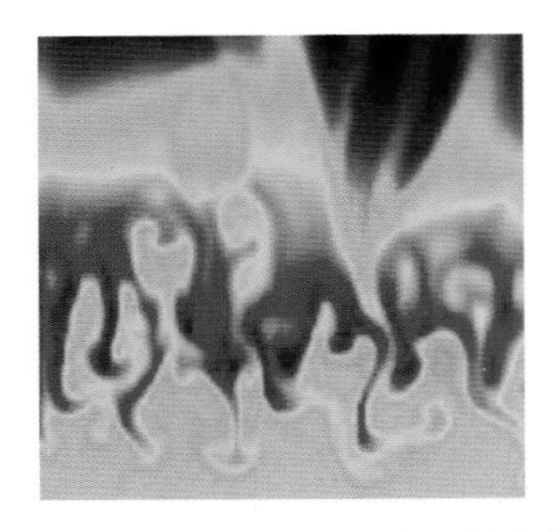

图 12.8　瑞利-泰勒不稳定性计算机模拟结果

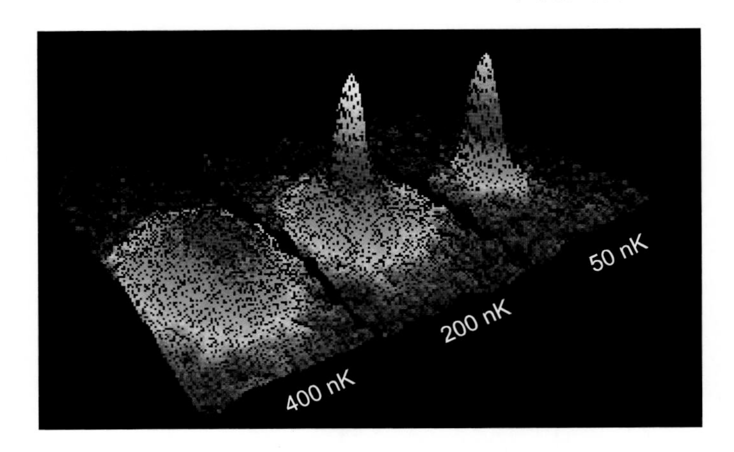

图 3.16　玻色-爱因斯坦凝聚过程中逃逸分子的速度分布变化

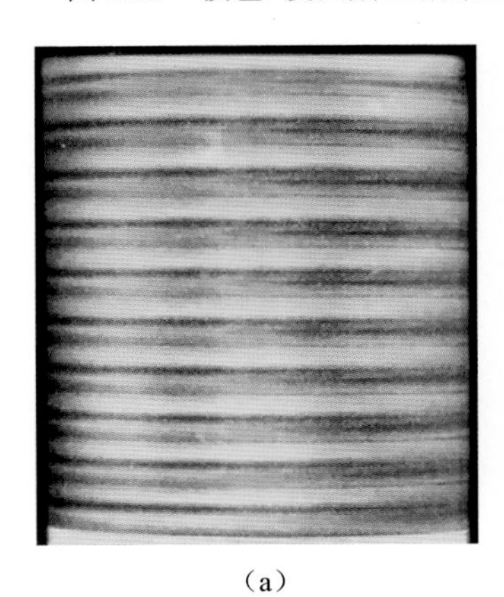

（a）

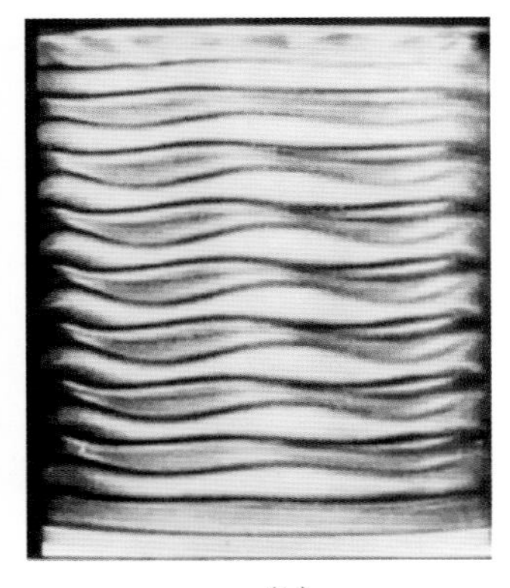

（b）

图 12.6　泰勒不稳定性

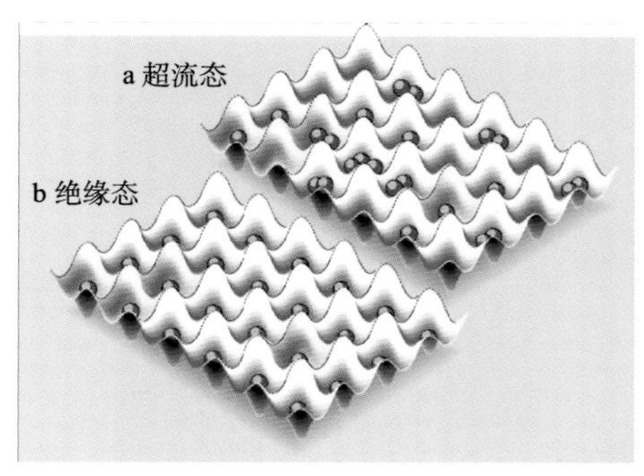

图 11.2　光阱格子中气体分子的分布（斯图夫赠）

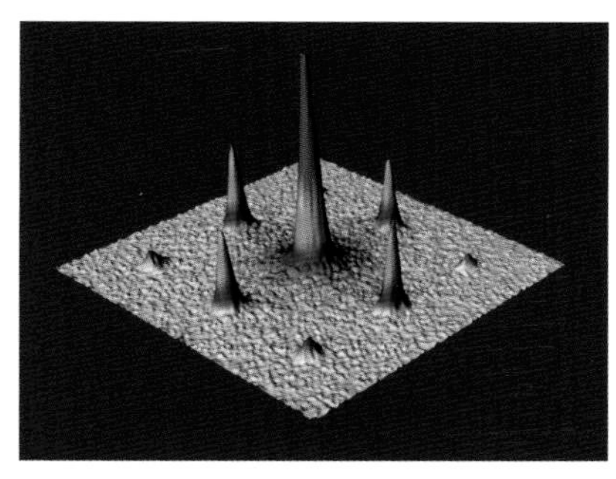

图 11.3　逃逸分子在“超导态”的速度分布（布洛赫赠）

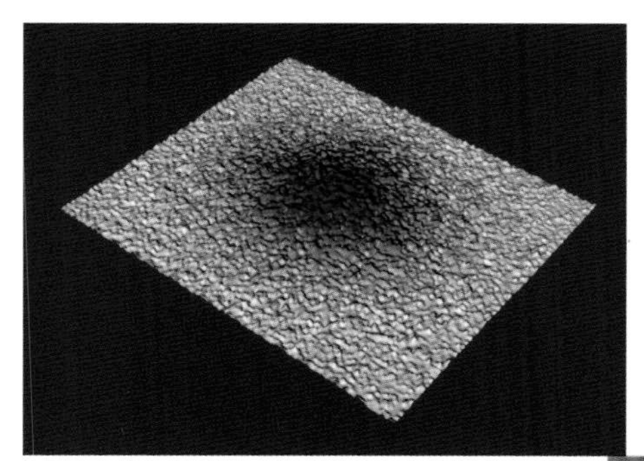

图 11.4　逃逸分子在“绝缘态”的速度分布（布洛赫赠）

图 12.1　贝纳尔德不稳定性对流图案（贝尔热赠）

（a）俯视

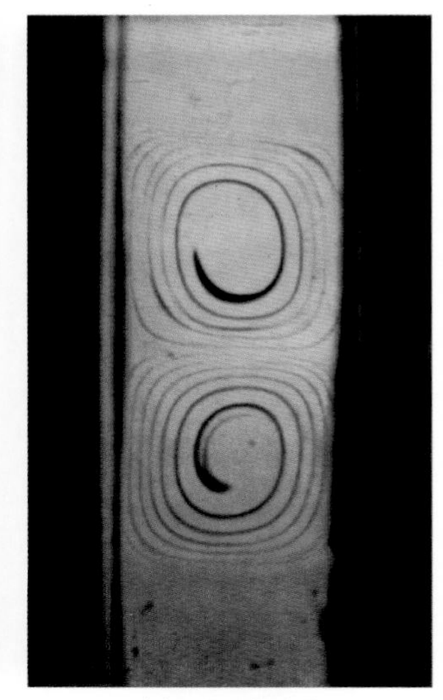

（b）“蛋糕卷”

图 12.3　贝纳尔德对流（贝尔热赠）

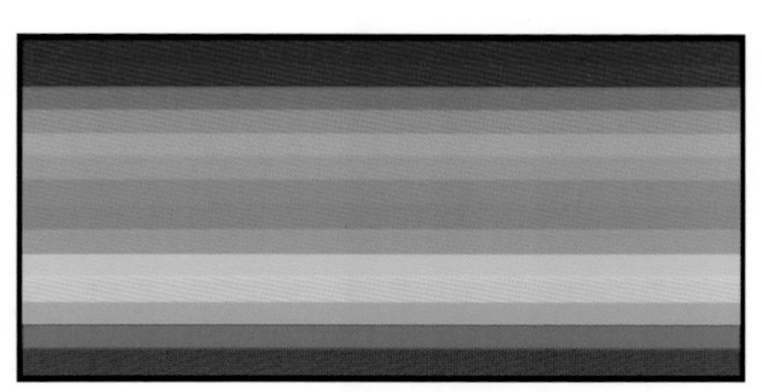

（a）“亚”临界

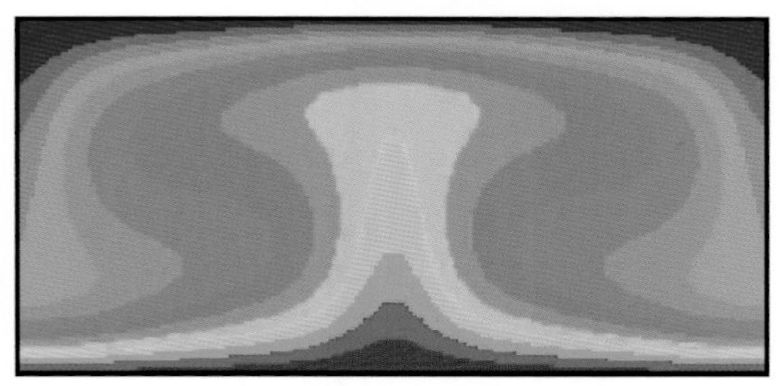

（b）“超”临界

图 12.5　瑞利不稳定性的计算机模拟结果

丛书修订版前言

“物理改变世界”丛书由冯端、郝柏林、于渌、陆埮、章立源等著名物理学家精心创作，2005年7月出版后受到社会各界广泛好评，并于2007年一举荣获国家科学技术进步奖，帮助我社首次获此殊荣。丛书还多次重印，在海内外产生了广泛的影响，成为双效益科普图书的典范。

物理学是最重要的基础科学，诸多物理学成就极大地丰富了人们对世界的认知，有力地推动了人类文明的进步和经济社会的发展。丛书将物理学知识与历史、艺术、思想及科学精神融会贯通，受到科技工作者和大众读者的高度评价，近年库存不足后有不少读者通过各种方式表达了对再版的期待。

在各位作者的大力支持下，本次再版对部分内容进行了更新和修订，丛书在内容和形式上都更加完善，也能更好地传承这些物理学大师博学厚德、严谨求真的精神，希望有越来越多的年轻人热爱科学，努力用科学改变世界，创造人类更加美好的未来。

同时，我们也以此纪念和告慰已经离开我们的陆埮院士。

编者

2016年3月

丛 书 序

20世纪是科技创新的世纪。

世纪上叶，物理界出现了前所未见的观念和思潮，为现代科学的发展打下了坚实的基础。接着，一波又一波的科技突破，全面改造了经济、文化和社会，把世界推进了崭新的时代。进入21世纪，科技发展的势头有增无减，无穷尽的新知识正在静候着青年们去追求、发现和运用。

早在1978年——我国改革开放起步之际，一些老一辈的物理学家就看到“科教兴国”的必然性。他们深知科技力量的建立必须来自各方各面，不能单靠少数精英。再说，精英本身产生于高素质的温床。群众的知识面要广、教育水平高，才会不断出现拔尖的人才。科普读物的重要性不言而喻。“物理学基础知识丛书”的编辑和出版，是在这种共识下发动的。当时在一群老前辈跟前还是“小伙子”的我，虽然身在美国，但是经常回来与科学院的同事们交往、切磋，感受到老前辈们高尚的风格和无私的热情，也就斗胆参加了他们的队伍。

一瞬间，27年就这样过去了。这27年来，我国出现了惊人的、可喜的变迁，用“天翻地覆”来形容，并不过甚。虽然老一辈的物理学家已经退的退了、走的走了，他们当时的共识却深入人心。科学的地位在很多领域里达到了高峰；科普的重要性更加显著。可是在新的经济形势下，愿意投入心血撰写科普读物的在职教授专家，看来反而少了。或许“物理改变世界”这套修订再版的丛书，能够为青年学子和社会人士——包括政界、工商界、文化界的决策层——

提供一些扎实而有趣的参考读物，重燃科普的当年火头。

2005年是“世界物理年”。低头想想，我们这个13亿人口的大国，为现代物理所做的贡献，实在不算很多。归根结底还是群众的科学底子太薄;而经济起飞当前，不少有识之士又过分急功近利。或许在这当儿发行一些高质量的科普读物能够加强公众对物理的认识，从而激励对基础科学的热情。

这一次在“物理改变世界”名下发行的5本书，是编辑们从22种“物理学基础知识丛书”里精选出来的，可以说是代表了“物理学基础知识丛书”作者和编委的心声。于渌、郝柏林、冯端、陆埮等都是当年常见的好朋友。见其文如见其人，我在急促期待中再次阅读了他们的大作，重温了多年来给行政工作淹没几尽的物理知识。

这一批应该只是个开端。但愿“物理改变世界”得到年轻一代的支持、推动和参与，在为国为民为专业的情怀下，书种越出越多，内容越写越好。

吴家玮

香港科技大学创校校长

2005年6月

再版前言

20 年前写的这本小书（原作者于渌、郝柏林二人）在介绍相变与临界现象的基本概念和理论方法上发挥了一点作用，得到一些物理界同行和当时的年轻人的认可。科学出版社为纪念世界物理年，要出新版。翻阅原书，发现大部分内容经受住了时间的考验。当然，有些提法已经过时，特别是临界指数的精确计算和精密测量（主要通过太空中进行的实验），使理论与实验的符合达到空前未有的精度。由于其他承诺，不可能将全书彻底更新，但我们尽力反映若干重要的新进展。书中增加了有限系统的临界现象和量子相变两章，更新了有关临界指数计算和测量的新结果，也增加了一些插图和漫画，以帮助理解。我们希望这本小书对爱好物理，充满好奇心，又愿意认真思考的读者有所裨益。发现差错请不吝指正。

于　渌

2005 年 4 月

初版前言

相变和临界现象是物理学中充满难题和意外发现的领域之一。不算人类关于物质三态变化的早期观察，仅仅从1869年安德鲁斯发现临界点、1873年范德瓦耳斯提出非理想气体状态方程以来，对相变的实验和理论研究已经有一百多年的历史。然而，正像相变本身是普遍存在于自然界中的突变一样，相变的研究过程也经历过许多突变。

1911年发现的超导电现象，到1957年才有了正确的理论解释。而20世纪30年代才发现的液体氦的超流效应，却在不到十年的时间之内，就初步掌握了它的基本规律。可是当人们用超流和超导的经验来预测氦的另一种同位素^{3}He的超流性质时，却使实验物理学家们一再碰壁。当许多人失去兴趣，不再专门寻求之后，突然在1971年发现^{3}He具有不是一个，而是三个超流相。范德瓦耳斯首先提出，以后被人们用不同名称、不同形式发表了多次的相变平均场理论，在20世纪后半叶以来却愈来愈与精密的实验相违，最后竟被证明是——你相信吗——在四维以上空间才正确的理论。最近几年，粒子理论中的一些根本问题，例如为什么至今观测不到理论上早就预言了的夸克（夸克禁闭），也和相变问题发生了密切关系。

相变现象丰富多彩，可以从不同的角度分类和研究。这本小书主要介绍“连续相变”，就是在相变点上不仅热力学函数连续，而且它的一阶导数也连续的相变。现在知道，这类相变和以前研究的“临界点”其实是一回事，因而通称为相变和临界现象。最近十几年来连续相变的研究进展迅速，但主要成果只能在专著和期刊论文中找到。我们在这本书中试图用比较通俗的方式，介绍这个领域中积累的知识，并且通过这些介绍，讲述一些统计物理学的基本概念。

这是一本通俗而并不轻松的书。虽然数学推导已经尽量压缩，我们仍然希望读者随时拿起铅笔来，跟随我们写写画画，这样才能更好地体会到物理内容和数学形式的统一。精确的数学语言，使物理学上升为一种艺术。只有下功夫掌握数学语言的人，将来才可能在深入钻研之后享受这种艺术之美。

本书付印之前，传来了威尔孙因为在相变和临界现象理论方面的贡献获得 1982 年度诺贝尔物理学奖的消息。“重正化群”将成为被更多人关心的科学术语。这套方法和概念还有很大潜力来解决像湍流这样的难题。愿这本小书在科普读物和科学专著之间起一点桥梁作用。

这本书里许多图片和曲线取自各种期刊和专著，我们不一一列举它们的出处。作者谨在此感谢专门为本书提供了照片和原图的阿勒斯（G.Ahlers）、贝尔热（P.Berge）、贝依森（D.Beysens）和森格尔斯（J.V.Sengers）教授。

作 者

1983 年

目 录

丛书修订版前言 / i
丛书序 / iii
再版前言 / v
初版前言 / vii
第一章 “物含妙理总堪寻” / 1
千姿百态的“水” / 1
“微观”和“宏观” / 3
喜鹊搭桥：统计物理的妙用 / 4

第二章 从物质的三态变化谈起 / 8
理想气体 / 8
临界点 / 11
范德瓦耳斯方程 / 15
三相点 / 21
水的特殊性 / 24

第三章 千奇百怪的相变现象 / 28
广延量和强度量 / 28
铁磁和反铁磁相变 / 29
合金的有序-无序相变 / 36
变化多端的中间相——液晶 / 39

“巧夺天工”：极低温揭开的秘密 / 42
玻色-爱因斯坦凝聚 / 46
有没有永久气体 / 50
一种“几何”相变：渗流 / 51

第四章 平均场理论 / 54
相变的分类 / 54
被多次“发明”的理论 / 56
序参量 / 58
朗道理论 / 62
涨落和关联 / 67
对称的破缺和恢复 / 71
连续相变的物理图像 / 75

第五章 简单而艰难的统计模型 / 77
平衡态统计物理的三部曲 / 77
统计物理究竟能不能描述相变？ / 79
伊辛模型的曲折历史 / 81
复数和四元数 / 84
统计模型展览 / 85
闯到“收敛圆”的外面去！ / 89

第六章 概念的飞跃——标度律与普适性 / 93
实验家的挑战 / 93
四维以上空间才正确的理论 / 96
是偶然的巧合吗？ / 98
标度假定 / 101
自相似变换 / 103

普适到什么程度？ / 107

第七章 一条新路——“重正化群” / 110

不动点 / 111

再谈几何相变 / 113

重正化变换 / 118

奇怪的展开参数 / 122

重正化群理论的实验验证 / 126

第八章 空间维数的意义 / 129

涨落和空间维数的关系 / 129

理论物理怎样“钻”进了非整数维空间 / 132

连续变化的空间维数 / 134

三类几何对象的豪斯道夫维数 / 136

布朗粒子的轨迹是几维的？ / 141

上边界维数和下边界维数 / 144

第九章 特殊的“双二维”空间 / 146

一场争论 / 146

能实现二维系统吗？ / 148

相位涨落与准长程序 / 151

拓扑性的元激发：涡线 / 152

能量与熵的竞争 / 154

第十章 有限系统的临界现象 / 158

有限尺度标度律 / 159

高于上临界维数有限系统的临界现象 / 160

有限系统临界现象的实验研究 / 161

第十一章　量子相变　/　163

测不准关系和量子涨落　/　163

量子比特体系的相变　/　164

光阱中稀薄原子的“超流——绝缘体”转变　/　166

第十二章　非平衡相变——自然界中的有序和混沌　/　168

从对流现象谈起　/　169

耗散结构　/　172

走向湍流的道路　/　177

确定论方程中的内在随机性　/　181

结束语　/　183

实验和理论的相互促进　/　183

科学的进步是集体智慧的结晶，需要多种人才的协作和不同途径的配合　/　184

不同学科的交叉和渗透　/　184

千里之行，始于足下　/　186

后记　/　187

第一章
“物含妙理总堪寻”

北京颐和园昆明湖畔、万寿山麓有一座铜亭。从长廊前往铜亭的山路穿过一个石牌坊。那牌坊上一副对联的下联总要使大自然的爱好者浮想联翩。我们且把它摘来作本章的标题。

千姿百态的“水”

“物含妙理总堪寻”，玩味着这隽永的哲理，登上万寿山巅。极目远眺，思绪万千。生活在两千多年前的庄子，曾有过“原天地之美，而达万物之理”的愿望。我们今天对万物的认识又如何呢？俯视昆明湖的千顷碧波，初秋的早晨，湖面上缭绕着袅袅轻烟。“波上寒烟翠”，那是从水面蒸发的水汽，遇到冷空气后凝聚成的缕缕薄雾。仰望万里云空，在没有大风的时候，彩云朵朵、铺花绣锦，织成美丽的图案。如果在冬日雪后凌晨，登上万寿山，那真是“忽如一夜春风来，千树万树梨花开”。你曾仔细观察过雪花和冰晶吗？图 1.1 是雪花冰晶中能见到的一些骨架图案，真实的冰晶当然更为丰富多彩。在一本研究雪花的专著里，搜集了近一千五百幅六角冰晶的照片，变幻无穷，琳琅满目。图 1.2 中给出了几幅冰晶的照片（文前彩图）。上面列举的这些例子，全是一种简单的物质——水的种种形态。

时至今日，人们从物质的微观运动中已经寻到了许多宏观现象

物含妙理总堪寻

的“妙理”，但大自然还有更多的奥秘有待我们去探求。

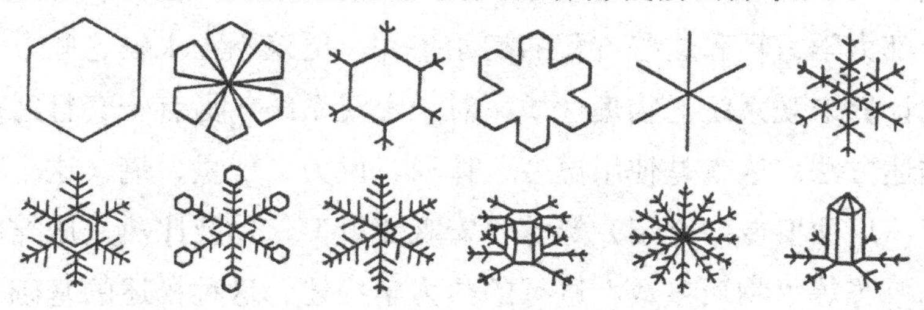

图 1.1 一些雪花骨架图案

“微观”和“宏观”

水分子由两个氢原子和一个氧原子组成，分子量是 18。一滴水中有多少个水分子？这很容易估算。设水珠的直径是 2 毫米，它的体积约为 0.0042 立方厘米，质量是 0.0042 克。我们知道，每一克分子量的任何物质的分子数目等于阿伏伽德罗数 $N_A = 6.022 \times 10^{23}$。这就是说，18 克水中有 N_A 个水分子。于是，这颗水珠中约有

$$\frac{0.0042 \times N_A}{18} \approx 1.4 \times 10^{20}$$

即一万四千亿亿个水分子。其实任何宏观物体中的电子、原子、分子数目，都是这样以万亿计的。一片最纯的半导体中，杂质原子的数目仍有成千上万亿。至于取一克还是一吨物质，其差别不过百万倍。对于万亿这样的基数，这种差别倒也不那么重要了。总之，小如一滴水珠，仍旧是由大量粒子组成的宏观系统。

描述少量粒子的运动规律和相互作用的科学，可以统称之为“力学”。这包括经典力学、量子力学等。少量粒子组成的系统，可以叫做力学系统，例如原子、分子或少量分子以及少量天体（只要把一颗星看成一个整体来考虑其运动）的集团等。描述力学系统，即使方程复杂一些，原则上也可以使用电子计算机求出与实验符合很好的结果。

对于宏观系统即由大量客体组成的系统，力学是无能为力的。

即使知道了宏观系统的精确组成和全部微观的相互作用，也无法写出全部力学方程和这些方程的初始条件，更谈不上求解这些方程和由此计算宏观系统的物理性质。对于宏观系统，另有一套行之有效的描述方法。这就是使用温度、体积、压力、能量、熵（这个特别的字，后面要专门介绍）等等“宏观变量”，以及比热、压缩率、磁化率等等“物质参数”进行的热力学描述。这种描述的基础是能量守恒、热量不可能自动从低温物体流向高温物体等很少几条来自实践经验的基本规律。热力学的成功已被工业革命以来整个生产技术的突飞猛进所证明。热力学早就成为许多技术科学的理论基础。

力学和热力学是针对着微观和宏观这两个极端情形发展起来的。然而，它们是相反而相成的科学。

喜鹊搭桥：统计物理的妙用

使“相反”的力学和热力学达到“相成”的基本事实，就是宏观系统由极其大量的微观粒子组成。热力学描述是对大量微观的、力学的运动“平均”的结果。

我们就从相互作用和热运动的彼此制约来看看是怎样实现这种平均的。当然不可能在这里推导统计物理的各种公式，然而那基本精神——任何一门科学的基本精神都是很简单精练的——却不难介绍清楚。

热运动的能量比例于绝对温度 T（0℃ = 273.15K）。为了使 T 具有能量的量纲，应当乘上一个量纲是“焦耳/度”的常数。这就是玻耳兹曼常数

$$k = 1.38 \times 10^{-23} \text{焦耳/度}$$

以后就使用 kT 来标志热运动的强弱。由于热运动是杂乱无章的，人们常常说 kT 是无序的原因。简单的单原子气体处于温度 T 时，每个原子的平均动能是 $\frac{3}{2}kT$ 。这可以从一些更基本的假定，用“平均”

求出来。

每一个特定的微观状态有确定的能量 E_i，其中包括了相互作用能量。$i=1$，2，…N 是宏观状态可能对应的一切微观状态的编号。N 是一个极其巨大的数，任何天文数字和它相比都可以略而不计。例如，取一克分子物质，其中就有 N_A 个分子，N_A 是前面提到过的阿伏伽德罗数。这些微观粒子的各种排列组合，能够组成多少微观状态 N 呢？一般说来，我们只知道它是略小于

$$N_A!\ \approx 10^{14000000000000000000000000}$$

的一个很大很大的数。

温度 T 一定时，能量为 E_i 的一个微观状态得以实现的概率（或叫几率）P_i，比例于著名的玻耳兹曼因子

$$P_i \propto e^{-\frac{E_i}{kT}}$$

它表明，能量远远大于 kT 的状态实现的概念很小，而能量等于或小于 kT 的状态都有一定的概率实现。似乎能量愈小，实现的概率愈大。实际上还有一个从单独的玻耳兹曼因子看不出来的重要因素：能量在 E_i 附近的状态数目有多少。一般说来，能量低的状态数目也少，能量高的状态数目要多得多。通常，状态数目比例于 E^n，n 是一个正数，例如 $n=1/2$。换成能量的语言说，能量为 E 的状态的概率大致是

$$P(E) \propto E^n e^{-\frac{E}{kT}}$$

这个概率分布在 $E=nkT$ 处有一个极大值。只有 $T=0$ 时，实现的才是能量最低的状态，也叫做基态。图 1.3 为 $n=1/2$ 的情形，图中画出了状态数目、玻耳兹曼因子和概率分布三条曲线。这三条线纵坐标的比例不同，使得在图形范围内最大值都是 1，这样看起来醒目一些。为了从玻耳兹曼因子得到真正的概率，我们把它除以一个系数 Z，并且要求它满足概率归一条件

$$\sum_{i=1}^{N} P_i = \frac{1}{Z}\sum_{i=1}^{N} e^{-\frac{E_i}{kT}} = 1$$

因此，Z 是温度 T 的函数

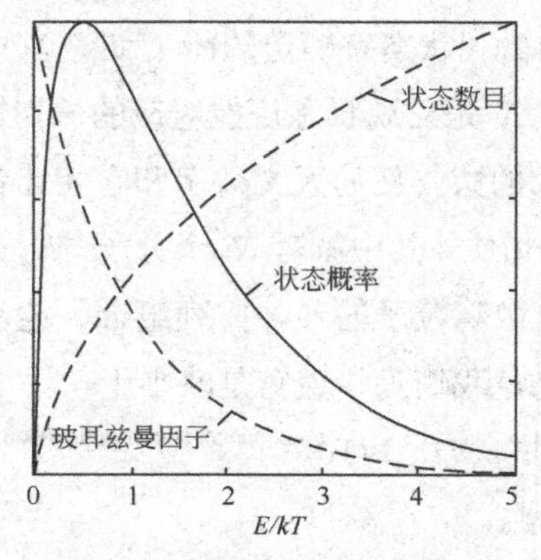

图 1.3 状态数目和概率分布

$$Z(T)=\sum_{i=1}^{N}e^{-\frac{E_i}{kT}}$$

Z（T）称为统计配分函数。在统计物理学中证明，只要知道了配分函数 Z（T），一切热力学量都可以从它求出来，其中最重要的一个热力学函数称为自由能

$$F=-kT\ln Z(T)$$

自由能的重要意义在于：温度和体积一定时，系统处于平衡的条件，是自由能必须达到最小值。从热力学的观点看来，自由能由两项组成

$$F=U-ST$$

第一项内能 U 反映系统内部的能量，它与微观状态的能量 E_i 不同，是对各种状态平均后得到的结果。第二项是热运动和无序的宏观量度，其中出现了著名的熵 S。

自从 1865 年德国物理学家克劳修斯引入熵的概念以后，它曾经引起过多年的混乱和争议。熵的统计解释主要是奥地利物理学家玻耳兹曼的功劳。玻耳兹曼在统计物理方面的贡献为分子、原子观念奠定了基础，他本人却因此受到学术界中保守势力的攻击。玻耳兹曼于 1906 年在忧郁之中自杀死去。至今在维也纳郊区中央墓地绿草

如茵的树丛中，人们可以看到一座没有装饰和铭文的坟墓。在玻耳兹曼的胸像下面，刻着一个简短的公式

$$S = k\ln W$$

这就是熵的统计解释：W 是一个宏观状态对应的微观状态总数。如果温度 $T = 0\text{K}$ 时，只有唯一的能量最小的微观状态得以实现，那么熵也等于零。在热力学平衡态，熵达到最大值，因为它对应的微观状态数 W 最大。平衡态是概率最大的状态。

相互作用导致有序和组织，热运动引起无序和混乱。这两种矛盾的倾向，在统计物理描述中表现为玻耳兹曼因子里 E_i 和 kT 的对比，在热力学理论中表现为 U 和 ST 的消长。相变是在一种倾向盖过另一种倾向时发生的突变。在这本书中将从各种角度发挥这个基本论点。

然而，在这么做之前，我们应先对相变本身获得更多的感性认识。

第二章 从物质的三态变化谈起

在正常气压下，水降温到0℃时结冰，升温到100℃时沸腾成气。这种气-液-固三态的变化早就为人类所观察和记载。人们还逐步认识到，物质的三态变化是自然界中非常普遍的现象。十分坚硬的金属，加热到足够高的温度，也能熔化为液体。对于物质状态变化的定量研究可以追溯到上一个世纪。这里最基本的问题是：物质的状态用温度 T、压力 P 和体积 V 等宏观参数描述；这些参数一定时物质究竟处于什么状态？让我们从最简单的情形讨论起。

理想气体

人们早就知道，描述物质状态的三个基本参数 P、V、T 不是相互独立的。一般说来，只要固定其中两个量，第三个量也就定下来了。换句话说，对于每种物质，这三个量之间有一个特定的函数关系

$$F(P,\ T,\ V)=0$$

此式称为这种物质的状态方程。

气体的状态方程是什么样的呢？

气体的特点之一是它充满整个容器。因此，对气体来说，V 是指容器的体积，P 是指对容器壁的压力。如果气体比较稀薄，可以略去分子之间的相互作用。通常把这种气体称为理想气体。从中学教科

书中知道，对理想气体，早就总结出不少经验规律。

一条叫玻意耳定律：对于给定数量的气体，温度一定时，压力与体积成反比，也就是

$$PV = 常数$$

另一条叫盖-吕萨克定律：在气体质量和压力确定时，体积与绝对温度 T 成正比

$$V = V_0 \frac{T}{T_0}$$

这里 V_0 是温度为 T_0=273.15K 时的体积。

还有一条叫查理定律：在质量和体积固定时，压力与绝对温度成正比

$$P = P_0 \frac{T}{T_0}$$

P_0 是温度为 T_0 时的压力。

将这三个式子合并，就得到一般情形下理想气体的状态方程

$$PV = nRT = NkT$$

n 是气体的克分子数，R 是气体常数。其实，R 就是阿伏伽德罗数 N_A 和玻耳兹曼常数 k 的乘积

$$R = N_A k = 8.314 \text{ 焦耳/度}$$

而 $N = nN_A$ 就是气体的总分子数。

在 P、V、T 为坐标轴的三维空间里，满足状态方程的点处在一个曲面上。为了直观起见，通常取各种截面，画成平面上的曲线。若固定温度，在 $P-V$ 平面上，理想气体的状态用图 2.1 中的一组双曲线表示。这是一批“等温线”，其中 $T_4 > T_3 > T_2 > T_1$。图中阴影部分是我们给范德瓦耳斯保留的位置，以后就会明白。相应地，在 $P-T$ 平面上，理想气体的状态用一组通过原点的直线（等容线）表示（图 2.2）。这些直线的起始部分都画成了虚线，因为当温度很低时，早已不能用理想气体的状态方程了。

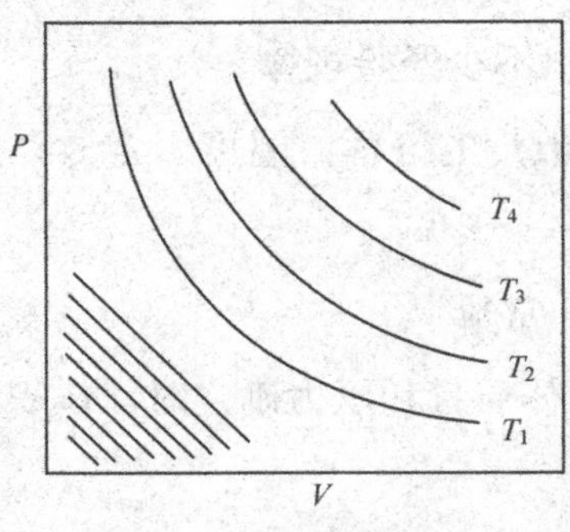

图 2.1 理想气体的 $P-V$ 图

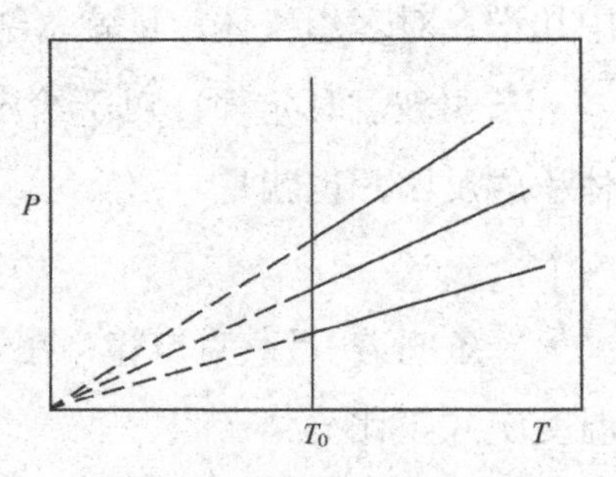

图 2.2 理想气体的 $P-T$ 图

说到这里，需要交待一下我们所说“体积”的确切含义，以及温度、压力的单位。为了忽略器壁的影响，我们往往设想体积推向无穷大的情况。更恰当的办法，是取单位质量所占有的体积，叫做“比容”。它的单位是立方厘米/克。我们以后仍用字母 V 代表，只在写出数值时注明量纲。比容的倒数 $\rho = 1/V$，即单位体积的质量，就是人们熟知的“密度”。ρ和 V 中可取任一个做自变量。

本书中大部分示意图，只简单地注明坐标是 P、T 或 V，不给出数值和单位。为了使读者获得更清楚的物理感受，一些涉及具体物质的图中标出了坐标的数值。

在“常温”区，我们通常用摄氏温标℃，而在低温区，则用绝对温标 K。在超低温范围，常用绝对温标的千分之一，即毫度做单位，记为 mK。

压力的单位稍复杂一些。这是因为历史上曾经取一定条件下 76 厘米高的水银柱重量作为压力单位，称为一个大气压。后来，为了和基本单位联系起来，又规定了每平方米受力十万牛顿为一个标准大气压，叫做巴。好在一个大气压等于 1.01 巴，可以近似地认为一个大气压就是 1 巴，而不过问它们之间的细微差别。本书中经常用巴作为压力单位，高压下用千巴作单位。

现在回到我们讨论的正题。读者可能已经注意到，理想气体是“永久气体”。这就是说，用状态方程 $PV = nRT$ 描述的气体不会发生相变，不可能凝聚成液体。这一点很容易理解。从日常生活的经验中知道，液体有确定的体积，不一定充满整个容器。要从气态变成液态，必须靠分子之间的吸引力，使它们凝聚起来。理想气体的分子间没有相互作用，因此“聚”不起来。无论怎样改变温度和压力，它们永远处于一种状态——气相。

为了描述实际存在的气液转变和两相共存，必须找到更“现实”的状态方程。在介绍这种方程之前，先回顾一些基本的实验事实。

临 界 点

本章开头曾提到，相变研究的一个基本任务是测定“相图”，就是找出在给定的温度 T、压力 P 和体积 V 下物质处于什么相，确定不同相的“边界”。19 世纪就有人对气液相变进行过系统的研究。办法之一是将一定数量的液体（如水、乙醚或酒精）封在容器中，缓慢加热，测定压力随温度的变化。只要容器中同时存在着液体和它的蒸气，气液两相就始终处于平衡状态中。这样测得的 $P-T$ 曲线，画在 $P-T$ 坐标中，就是气液的相界线。图 2.3 中定性地画出了这条相界线，它也叫汽化线。线下的状态对应气相，线上的状态对应液相。压力和温度沿这条线变化时，两个相同时共存。

如果压力保持在 P_0 不变，由液相开始加热升温，代表状态的点 L 在相图 2.3（a）中沿水平线向右移动，与汽化线交于 Q 点，一部分液体开始汽化。这时尽管继续加热，温度却不再升高，一直保持在 T_0。可见热量被吸收用于汽化。这种在相变点才表现出来的汽化热，是一种相变“潜热”。潜热转化为分子动能，使得气相比液相更无序。日常生活中大家都有这样的经验：手上沾了易挥发的酒精或乙醚，皮肤有凉爽之感，就是由于汽化吸收潜热所致。

液体全部汽化之后，温度才继续沿 QG 线升高。这是普通的气体加热过程。沿 LQG 线做实验，要不断改变系统的体积，才能实现压力不变的条件。这样的实验不能用前面讲的密封容器做。

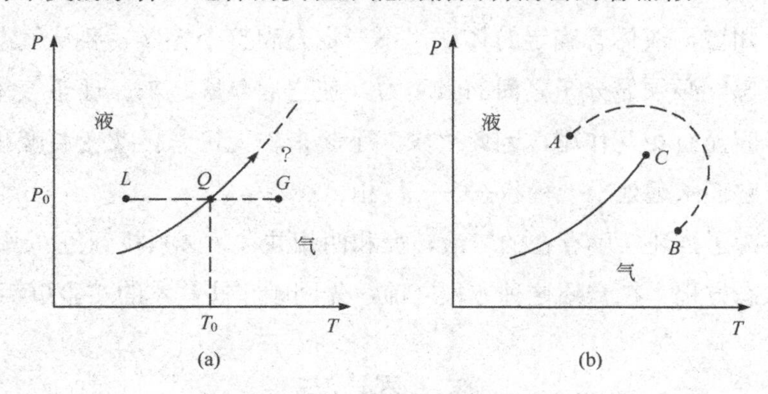

图 2.3　P-T 相图上的气液相界线

考察图 2.3（a）的相界线，人们会自然地提出一个问题：汽化线在不断升温或加压时会伸向无穷还是在某一点戛然而止？这个看起来简单的问题，使不少著名的物理学家在 19 世纪困惑了将近 50 年。他们都知道，液体在不停加热的过程中，最终会全部变成气体。但压力不同时，这种变化有什么差别，则不很清楚。

1869 年英国物理学家安德鲁斯在皇家学会作了题为“论物质液态和气态的连续性”的报告，明确地回答了上述问题。他精确地测量了二氧化碳在液态与气态时的密度差，发现在 31℃附近，这两者的差别消失了。这对应着气液相界线有一个明确的终点 C(图 2.3(b))。安德鲁斯把它称为“临界点”。其他物理学家也观察到了这个现象，发现在这个点潜热等于零，因此又称它为“绝对沸点”。安德鲁斯的命名抓住了关键，这是“临界点”这个名称保留至今的原因。

所谓“临界”，是指超过这个点以后液态和气态的差别不复存在，再问物质究竟处于气态或液态是没有意义的。在这以前，人们都认为物质最终会变成气态，而安德鲁斯则强调，临界点以上分不出气、液两相来。由于临界点的存在，可以使物质从液态连续地变到气态。例如，在图 2.3（b）上，从处于液态的 A 点开始，只要按图中虚线变化压力和温度，就可以不经过任何相变点，达到对应气态的 B 点。

对于二氧化碳，临界点的参数是

临界温度 $T_c = 31.04$℃

临界压力 $P_c = 73$ 巴

临界比容 $V_c = 2.17$ 立方厘米/克

和水的临界参数

$T_c = 374.15$℃

$P_c = 221.2$ 巴

$V_c = 3.28$ 立方厘米/克

对比，可见用二氧化碳观察临界点要容易些。这里下标“c”是英文“临界”（critical）一词的第一个字母。

虽然临界点只是相图上的一个孤立点，但在它附近发生的现象却非常丰富，统称之为“临界现象”，其中包括引人注目的“临界乳光”：原来透明的气体或液体，在接近临界点时变得浑浊起来，呈现一片乳白色。产生这一奇特现象的原因，是光的散射增强，我们将在第四章中讨论。

图 2.4 中的一组照片，演示了在临界点上发生的基本现象。密封的玻璃瓶中充满二氧化碳气体，其平均密度接近临界密度 $\rho_c = 1/V_c$。瓶中装了三个球，其密度分别稍低于、接近和稍高于ρ_c。三个球位置的高低反映密度的差别。四个图对应四种不同的温度。最左边的图温度稍高于 T_c，二氧化碳还处于均匀的气态，但光的散射已很强，开始出现临界乳光。由于密度还比较均匀，三个球完全分开，密度为ρ_c 的球漂浮在中间。第二个图温度低一些，更接近临界点，乳光变得非常显著。密度为ρ_c 的那个球并不浮在中间，这也是一个有趣的物理现象。只要温度稍低于 T_c，气液两相就分开，出现气液的界面（第三图）。由于瓶子上半部充满气体，密度低于ρ_c，原来在顶部的球就落到了液面上。液体的密度略高于ρ_c，刚才从中间掉下去

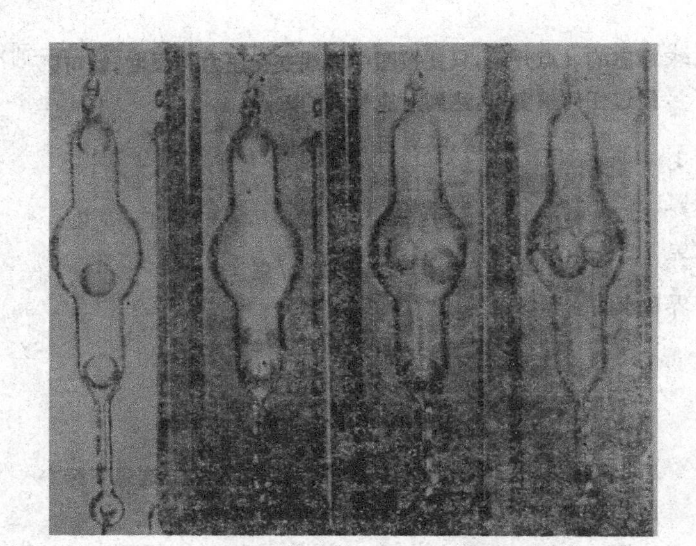
图 2.4　二氧化碳临界点附近的现象（森格尔斯　赠）

的球又浮到了液面。虽然温度已在 T_c 以下，临界乳光还隐约可见。温度再降低，液体的密度进一步增大，三个球都浮到了液面上（最右边的图）。这时临界乳光也消失了。

其实，临界点上的反常现象不只是临界乳光。上面第二张照片中密度为ρ_c 的那个小球掉下来的原因，是由于临界点热膨胀系数变得很大，密度分布对温度的不均匀非常敏感，很难恰到好处地把小球控制在中间。此外，在临界点压缩率“发散”（即趋向无穷大），比热出现尖峰。图 2.5 中绘出了氩气在临界点上的比热奇异性。我们

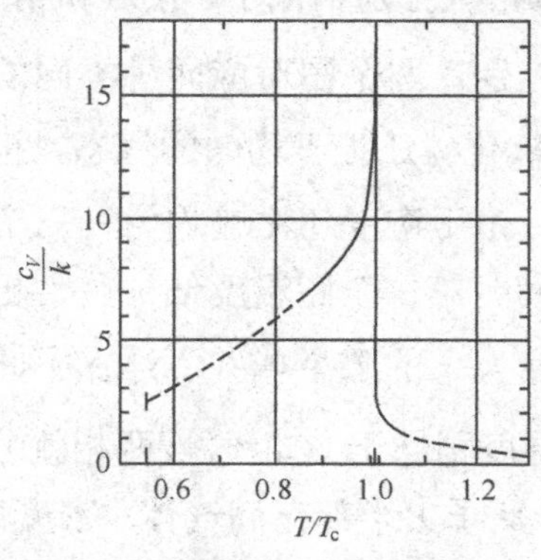

图 2.5　氩在临界点的比热奇异性

以后将看到，这些现象都不是彼此孤立的，正是在分析它们的相互联系中逐步揭示了临界点的本质。

范德瓦耳斯方程

安德鲁斯关于临界点的发现，有力地促进了气液相变的理论研究。1873 年，正在莱顿攻读博士学位的荷兰青年范德瓦耳斯，利用当时刚刚发展起来的分子运动论观念，对安德鲁斯的实验结果提出了理论解释。他的论文与安德鲁斯的报告用了类似的标题，也叫“论气态和液态的连续性”。

为了描写气液相变，范德瓦耳斯建议计入气体分子间的两种基本相互作用。第一，每个分子具有一定的体积 b，因此气体活动的有效体积缩小为 $V-Nb$，这相当于气体分子在近距离上互相排斥，彼此不能靠得太近。第二，气体分子间在较远的距离上有微弱的相互吸引，相当于补充了一点“内压力”，使 P 增加到 $P+\left(\frac{N}{V}\right)^2 a$，于是理想气体的状态方程应修正为

$$\left(P+\left(\frac{N}{V}\right)^2 a\right)(V-Nb)=NkT$$

这就是著名的范德瓦耳斯方程。这里引入的“内压力”概念后来对其他领域有重要的影响。至于 a 的系数应写成 $\left(\frac{N}{V}\right)^2$，可把这个方程改写一下（利用修正项很小这一事实），变成

$$PV=NkT\left(1+\frac{N}{V}\left(b-\frac{a}{kT}\right)+\cdots\right)$$

这时就看得更清楚了。当 $\frac{N}{V}$ 很小很小，即气体很稀薄时，它与理想气体差别不大。稀薄气体不会发生气液相变。如果比例于 $\frac{N}{V}$ 的修正项开始起作用，就回到了范德瓦耳斯方程。

把对应不同 T 的等温线画出来，得到图 2.6。这里用了约化的相

对坐标，下面就要解释。我们注意到，如果温度很高，范德瓦耳斯等温线非常接近图 2.1 中绘出的描写理想气体的双曲线。因此，范德瓦耳斯方程所描述的，是发生在图 2.1 左下角阴影部分的“低温现象”。

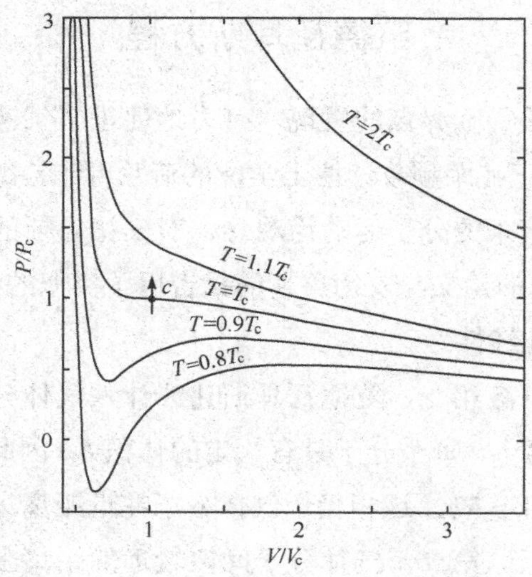

图 2.6 范德瓦耳斯等温线

范德瓦耳斯方程能不能描述临界现象呢？

在图 2.6 的等温线中，$T=T_c$ 的那一条很特别。它在 C 点处拐了一下，从向下凸拐成向上凸。这个拐点就是临界点。从初等微分学中知道，拐点上第一、二两阶导数都等于零

$$\left(\frac{\partial P}{\partial V}\right)_T=0$$

$$\left(\frac{\partial^2 P}{\partial V^2}\right)_T=0$$

写成偏导数，就是要求微分时将 T 看成常数，也就是沿着等温线计算导数。这两个条件，再加上范德瓦耳斯方程本身，正好是三个方程，足以把临界点的 P、V、T 都定出来。我们省去这点简单的微分和代数，写出最后结果

$$T_c=\frac{8a}{27bk}\qquad P_c=\frac{a}{27b^2}\qquad V_c=3Nb$$

有趣的是，如果用 T_c、P_c、V_c 作测量温度、压力和体积的单位，引入三个没有量纲的量

$$t'=\frac{T}{T_c} \qquad p'=\frac{P}{P_c} \qquad v'=\frac{V}{V_c}$$

代回到范德瓦耳斯方程中去，这个方程就变成

$$\left(p'+\frac{3}{v'^2}\right)(3v'-1)=8t'$$

它不含有任何与具体物质有关的参数（如 a 和 b），一切气体似乎都应遵从这同一个方程。事实上，许多气体在一定压力、比容范围内相当好地遵从这个方程。图 2.6 也是按这个无量纲方程画出来的。这是历史上第一个反映相变普适性的规律。第六章中我们再介绍普适性的现代表述形式。

年轻的范德瓦耳斯的大胆尝试，对分子运动理论起了很大的推动作用。他的论文很快受到了 19 世纪伟大的物理学家麦克斯韦的重视。麦克斯韦专门在《自然》杂志上写文章评述范德瓦耳斯的成果，使这位年轻人用荷兰文写的论文很快为物理学界所知晓。一方面，麦克斯韦高度评价了范德瓦耳斯的成就；另一方面，也指出了他论文中的不足之处。原来，温度 $T<T_c$ 时，范德瓦耳斯曲线中有一段偏导数 $\left(\frac{\partial P}{\partial V}\right)_T>0$，而根据热力学的基本原理，这是不允许的。

温度一定时，物体的体积只能愈压愈小；最多压不动，但决不能愈压愈大，这是自然界的一个基本事实。相图上的曲线走向应该符合这个基本规律。可以定义一个“等温压缩率”。

$$K=-\frac{1}{V}\left(\frac{\partial V}{\partial P}\right)_T$$

热力学中用严格的数学证明，$K\geqslant 0$ 是物质稳定的必要条件。这是宏观系统不能违反的“根本大法”。具体说，在 $P-V$ 相图上如图 2.7 中（1）、（2）、（3）曲线是允许的，而（4）则不允许。

麦克斯韦指出，范德瓦耳斯曲线中 $\left(\frac{\partial P}{\partial V}\right)_T>0$ 的部分对应不稳定的物质状态，应当换成一条水平线，它的两端分别对应液态和气态

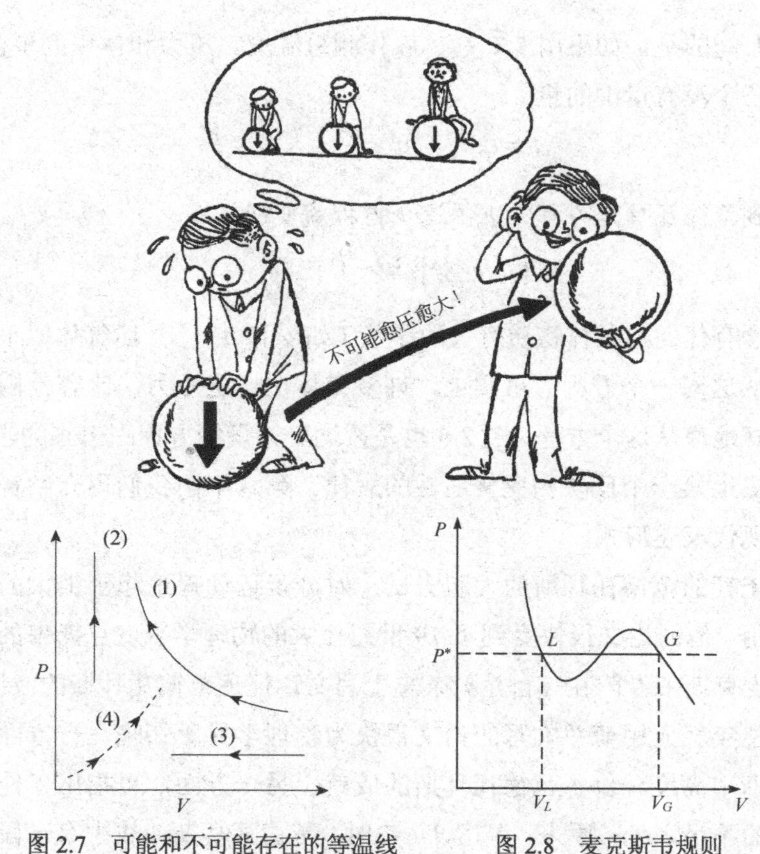

图 2.7　可能和不可能存在的等温线　　　图 2.8　麦克斯韦规则

（图 2.8）。在给定的温度下，液态和气态可以彼此共存，相应的平衡压力 P^*，也就是水平线的位置，由麦克斯韦的“等面积原理”确定。这就是说，在 $P-V$ 相图上水平线 $P=P^*$ 与范德瓦耳斯等温线交于 L、G 两点，使得积分

$$\int_{V_L}^{V_G}(P-P^*)\,\mathrm{d}V=0$$

从普通微积分知道，这个积分正好代表曲线 $P(V)$ 和 $P=P^*$ 直线所包围的面积。$P>P^*$ 的部分面积为正，$P<P^*$ 的部分面积为负。总的面积为零，说明正负部分相等。

范德瓦耳斯方程，加上麦克斯韦的“等面积原理”，就可以相当好地描述气液相变，包括安德鲁斯发现的临界点。我们看到，当

温度 $T<T_c$ 时，有一个气液两相共存的区域（图 2.9），比容小和比容大的两个边界分别代表液态和气态。当温度趋近临界点时，两者的差别消失。这就是安德鲁斯观察到的现象。我们还注意到，在临界点上切线 $\left(\frac{\partial P}{\partial V}\right)_T$ 与横轴平行，也就是压缩率发散，$K\to\infty$。形象地说，加无穷小的外力，就能引起体积很大的变化；偶然的压力起伏，也能导致显著的密度涨落。

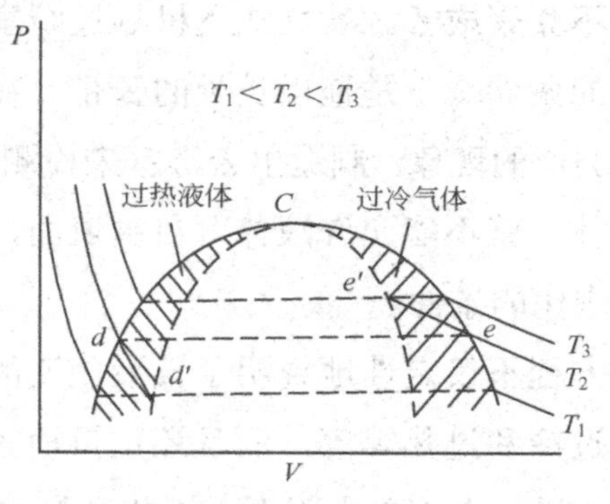

图 2.9　气液两相共存与过冷、过热

范德瓦耳斯方程还能描述“过冷”和“过热”这类非常有趣的现象。前面谈到，范德瓦耳斯曲线上 $\left(\frac{\partial P}{\partial V}\right)_T>0$ 的线段不对应实际的物理状态，但液相线在两相共存点以下，气相线在共存点以上还各有一段（见图 2.8）。它们并不违反热力学稳定条件，分别对应过热和过冷的状态。

实际上沿着等温线 T_2（见图 2.9）压缩气体时，只要条件合适，它不是达到共存区边界点 e 时就立即凝结出液体，而是可以继续压缩。这时它已经达到 T 更高的等温线对应的位置，本身却还维持在较低的温度 T_2，因而成为过冷的气体。这种状态不能长期稳定，但是只要实验做得小心，就可以保持相当久。因此说，过冷是一种亚稳态。亚稳的过冷状态只能继续到某个 e' 点。

类似地，沿等温线 T_2 使液体减压，它也可以越过共存区边界点 d，进入对应更低温的等温线的区域而不汽化。它本身仍保持在相对

说来较高的温度 T_2，成为过热液体。这是另一种亚稳态，它只能持续到某个 d' 点。

把各种温度下的亚稳等温线的结束点 d' 、e' 等分别连接起来，就是在图 2.9 中用虚线绘出的亚稳边界线，它和共存线在 C 点相切。亚稳边界线和共存线之间，夹着对应过热液体和过冷气体的两个亚稳区。

自然界中过冷气体比过热液体更为常见。高空中的水蒸气往往处于过冷状态而不凝聚成云。喷气式飞机划过晴空，喷出的气体和微粒提供了凝聚的条件，于是拖出长长的云带。在物理实验室中其实更早就利用了类似的现象，制造出云雾室来检测带电粒子的径迹。要观察到过热液体，就不能允许液体有自由表面，因为任何自由表面都会立即成为汽化的条件。

范德瓦耳斯方程不仅定性地说明了气液相变的基本事实：两相共存、临界点、过冷和过热等等，而且还定量地预言了临界点附近的许多性质。具体说，在临界点附近，液相和气相的密度差

$$\frac{(\rho_{液}-\rho_{气})}{\rho_c}\propto\left(1-\frac{T}{T_c}\right)^{\beta}$$

这里 β 是表示密度差变化的“临界指数”。按范德瓦耳斯方程可以算出，$\beta=1/2$。由范德瓦耳斯方程得出的其他结果，我们将在第四章中讨论。

然而，范德瓦耳斯方程并不是无懈可击的。首先，它只有一个气液相变，并没有液固相变。也就是说，无论温度多低，压力多大，范德瓦耳斯物质都不会凝固。它永久保持液体状态。我们很快会看到，在绝对零度附近的低温下，当压力不太大时，自然界中只有氦能始终保持液态，这反倒是量子力学的效应引起的。其次，范德瓦耳斯方程是一个半经验公式，只是在非常特殊的假定下才能从严格的统计理论推导出来。

具有讽刺意味的是，对于古老的气液相变，我们今天的知识并不比范德瓦耳斯增加了很多。建立包括过冷、过热和两相共存现象

在内的、严格的气液相变统计理论，仍然是尚未全部解决的难题。只有在临界点附近，我们的理论认识才大为前进了。

三 相 点

到目前为止，我们只简单地讨论了气液相变，介绍了气液相变线向上延伸的终点——临界点。气液相变线向下延伸时又会如何？有没有液固相变的临界点？

与气液两相平衡类似，可以从实验中直接测出气固和液固的相界线。图 2.10 中示意地绘出了适用于大多数物质的 $P-T$ 相图。OA 是气固平衡线，又叫“升华线”。AB 是液固平衡线，又叫“熔化线”。当压力固定，因加热升温穿过这些相界线时，都要吸收一定的潜热。对应前者的叫“升华热”，对应后者的叫“熔化热”。这些都与气液相变类似，我们不再赘述。

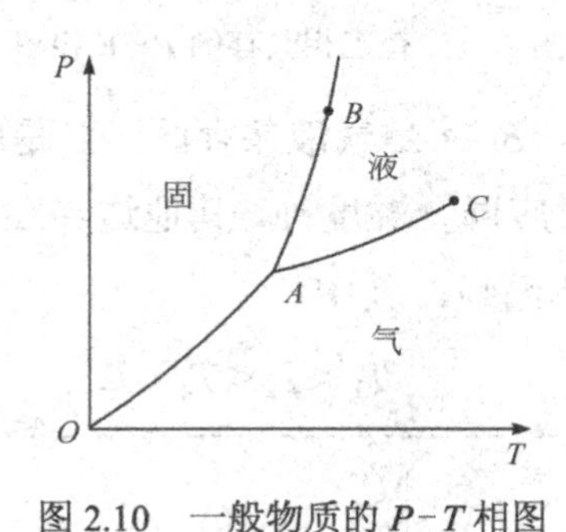

图 2.10　一般物质的 $P-T$ 相图

熔化、升华和汽化三条线交于一点——“三相点”。顾名思义，在这个点上，气、液、固三相可以同时并存。对于水，三相点的参数是

$$T_A = 0.0100℃$$

$$P_A = 0.006 \text{ 巴}$$

在 $P-T$ 相图上，这是一个点；在 $P-V$ 相图上它就被展开成一条水平线（见图 2.11）。

虽然没有严格的数学证明，但按现在的理解，熔化线 AB 不会结束在一个临界点上。原因是固态具有对称的晶体结构，而液态却没有这种对称。对称性质只能或有或无，不能兼而有之。因此，不会出现液固两相不可区分的状态。熔化线应伸向无穷，或与其他相界线相交，形成新的三相点。下一节中我们要看到这样的例子。

现在来考察 $P-V$ 相图。图 2.11 中 FBA 线对应三相点。

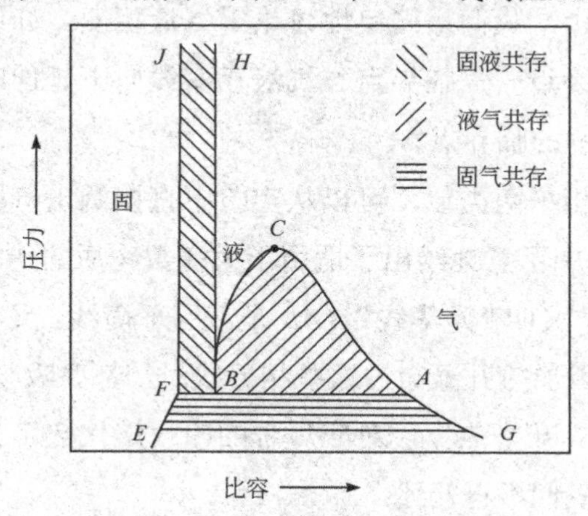

图 2.11 有三相共存的 $P-V$ 相图

$FJHB$ 是液固共存区，BCA 是气液共存区，C 是临界点，$EFAG$ 是气固共存区。除 FBA 对应同一温度外，其他边界线都对应不同的温度。图 2.12 中画出四条等温线，其中

$$T_1 < T_2 < T_c < T_3$$

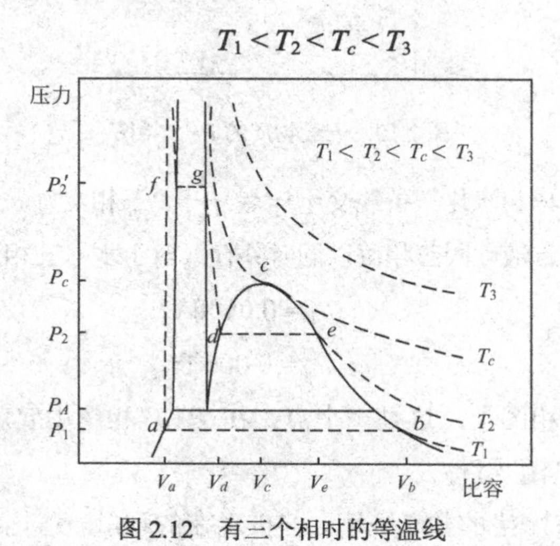

图 2.12 有三个相时的等温线

温度最低的 T_1 等温线上，a 点是固相的边缘，b 点是气相的边缘。这说明，如果压力和温度分别保持在 P_1 和 T_1 下，则系统中固相和气相是共存的。它们的比容分别是 V_a 和 V_b。$V_a < V_b$，所以固相密度大于气相。

温度 $T = T_2$ 时，不仅会有 $d-e$ 处的液相和气相共存，还会有 $f-g$ 处的固相和液相共存。究竟哪个共存得以实现，要看系统处在什么压力下，P_2 还是 P'_2。只在一个特定压力 P_A 下，三个相可以真正共存，那就是三相点对应的水平线。$V_e - V_d$ 和 $V_g - V_f$ 分别是气体“压成”液体，或液体“压成”固体时，（由于保持温度 T_2 未变，我们不能说“冻成”），各个相比容的变化。

相图上的三相点有一种直接的实际用途，那就是用作测定温度的标准。我国现已正式采用的国际实用温标，把水的三相点温度精确地规定为 273.16K。同时还规定了 13 个固定点作为标定温度计的依据，其中包括氢、氧、氩的三相点和某些物质在一定条件下的沸点、凝固点等等。

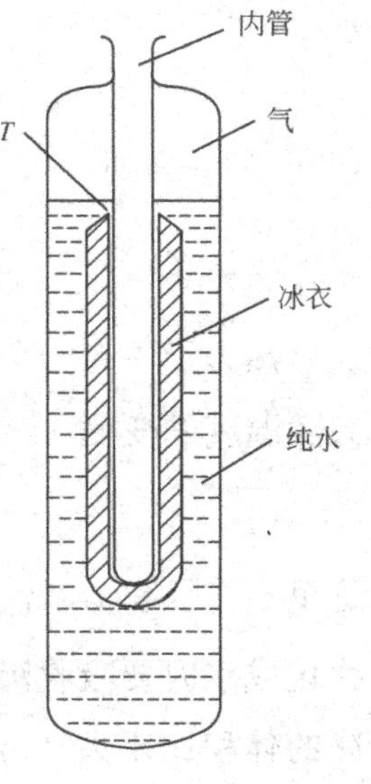

图 2.13　三相点瓶

在实验室中很容易实现并长期维持水的三相点。为此只要制备一只三相点瓶（图 2.13），其中密封入纯水和水蒸气（标准的三相点瓶还规定了组成水的氢、氧同位素的成分比例）。使用时先在瓶中内管降温，使外面均匀地冻上一层冰衣，然后稍稍升温，使冰衣内侧熔化，脱离内管壁。这样的状态在冰槽中稳定几天，在瓶内 T 点处就实现了三相点温度。这样的三相点瓶可以在冰槽内维持三相点达几个月之久，温度可以恒定在万分之一度以内，而且不受外界气压等因素影响。

水的特殊性

这一章是从水的状态变化说起的，但到现在为止，还没有强调水本身的特殊性质。图 2.10 是适用于大多数物质的 $P-T$ 相图，但水并不在这“大多数”之列。

首先，在冰-水-气的三相点附近，$P-T$ 相图上熔化线的斜率 $\frac{dP}{dT}$ 是负的。我们以夸张的比例将水的三相点附近的相图绘于图 2.14 中。通常的物质，固态比容小于液态，只有少数例外。水就是其中之一。从日常生活中知道，冰能漂在水上，冬天自来水管容易冻裂，都是由于结冰时体积膨胀的缘故。

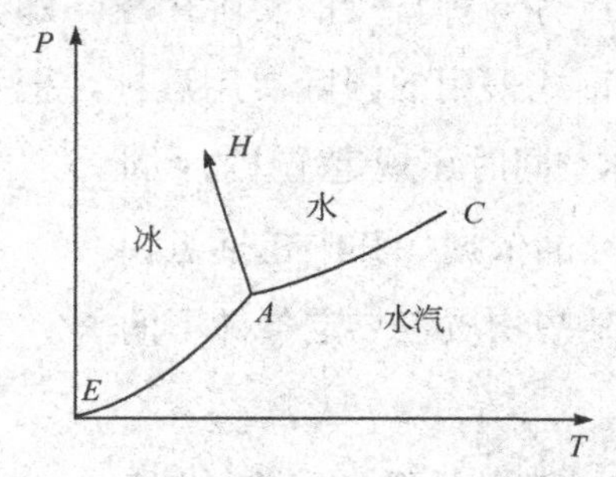

图 2.14　水的三相点示意图

热力学中有一个克拉珀龙-克劳修斯关系，说明两相平衡线上压力随温度的变化

$$\frac{dP}{dT}=\frac{Q}{T(v_2-v_1)}=\frac{s_2-s_1}{v_2-v_1}$$

这里 v_1，v_2 和 s_1，s_2 分别表示两相的比容和熵密度，Q 是相变潜热。冰化成水时要吸收潜热，说明水的熵比冰高（$s_2>s_1$）；但相同质量冰的体积比水大（$v_2<v_1$），结果斜率 $\frac{dP}{dT}$ 就是负的了。在一般情况下，物质固态的比容小，这个斜率是正的。

水的 $P-V$ 相图（图 2.15）也很特殊。JF 线跑到了 HB 线的右面，反映了水结冰时体积膨胀。被液固共存区遮住一角的 *HBC* 部分对应液态。

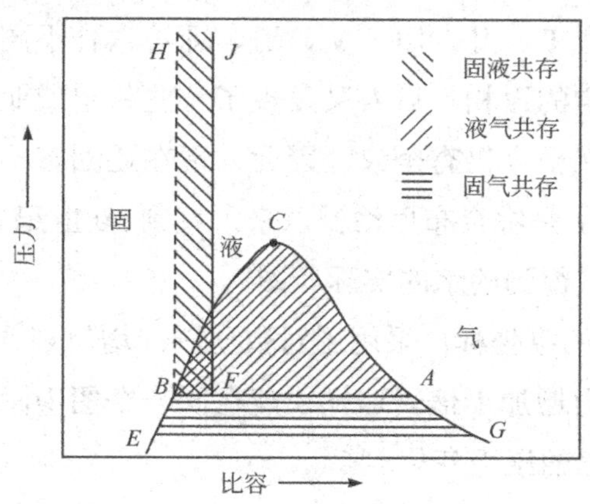

图 2.15 水的 $P-V$ 相图（示意）

为了看清楚水的相图的特点，图 2.16 中绘出了水的 $P-V-T$ 三维空间相图。代表水的状态的曲面，由五块光滑的曲面相接而成。*GACBH* 以外是一片，*FEKJ* 是另一片。形状像舌头的 *ABC* 片，是由许多直线构成的，好似帘子上剪出的一块。这种曲面在数学上叫可展面，这里代表气液两相共存区。*GEFA* 是另一块可展面，代表气固共存区。图中还有被遮住的 *BHJF*，也是一块可展面，表示液固共存区。图 2.15 中绘出的 $P-V$ 相图是这些边界线在 $P-V$ 面上的投影，而图 2.14 则是 $P-V-T$ 相图在 $P-T$ 面上的投影。*AFB* 三点重合在一起。*FBHJ* 面收缩成 *AH* 线，*ABC* 面收缩成 *AC* 线，而 *GEFA* 面收缩成 *EA* 线。$P-V-T$ 图中的细线是等温线。明显标出的几个温度的大小关系是

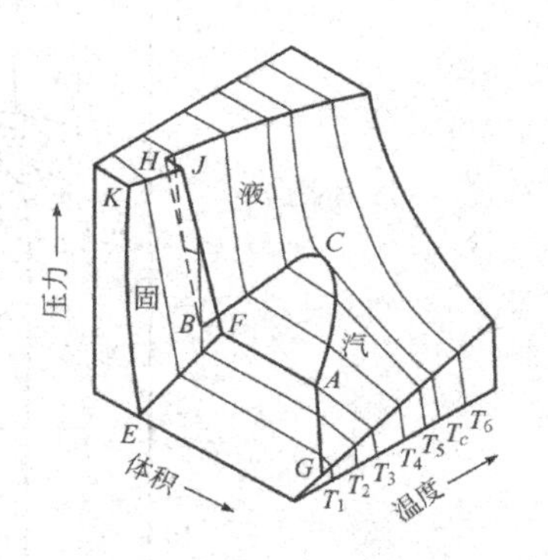

图 2.16 水的 $P-V-T$ 相图（示意）

$$T_1<T_2<\cdots\cdots<T_c<T_6$$

前面讨论的只是常压下水的相图，高压下的相图更加复杂。谁

知道冰究竟有多少种呢？美国高压物理学家布里治曼在 20 世纪 70 年代初发现冰有Ⅰ、Ⅱ、Ⅲ、Ⅴ、Ⅵ、Ⅶ等六种不同的结晶形态，还有一个不稳定的Ⅳ相。后人又发现了一些稳定或亚稳的相，其中一些相是否存在至今仍有争议。因此，现在还回答不出，冰究竟有多少种。图 2.17 是综合布里治曼以来，直到 20 世纪 70 年代初许多人的研究成果，得到的水的实际相图。

图 2.17 中的纵坐标，采用了对数比例：均匀划分的格子，每上升一格表示压力增加十倍。这样才能在同一个图中画出从千分之几个巴到几十万巴的压力变化。

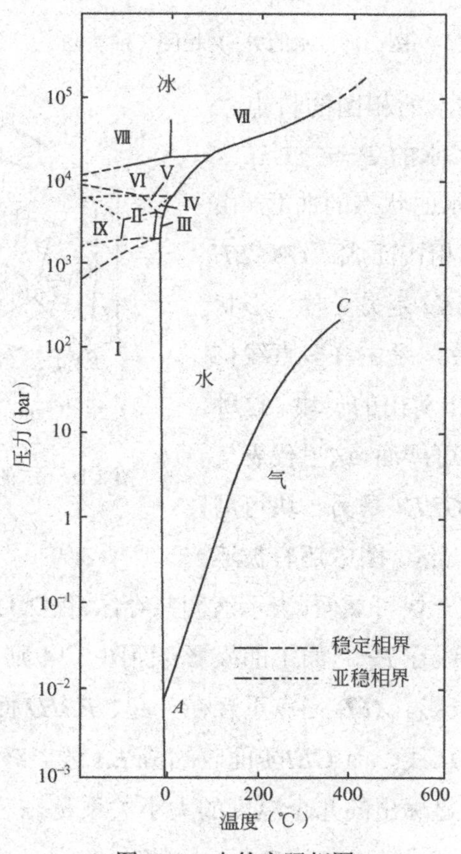

图 2.17　水的实际相图

水是人们心目中非常简单的物质，它的相图已经如此错综复杂，相变现象的丰富内容，由此可以窥见一斑。只在少数情况下，可以用理论方法计算出相图的某些片段，主要的知识来自实验家们在低温、高温、高压等条件下一点一滴的精细测量。

我们从水的各种相图看到，图中的点、面、线等成分中，面上的点最为平淡无奇，它只不过表明物质处于一定状态的条件。相图上的线比较有兴味，它标志着物质状态的突变，伴随着体积变化、吸收或放出潜热、两相共存、过冷过热等等现象。物理内容最为丰富的是相图上的孤立点，特别是临界点。经过临界点发生的相变，没有体积突变，没有潜热，不出现两相共存和亚稳状态，然而等温压缩率和其他一些物理量却可能“发散”。

相变的本质正是从相图上这些孤立的奇异点开始，被日益深刻地揭示出来。当代物理学对临界点的认识，远远超过对相图上一些线，例如亚稳边界线的认识。这本书的大部分内容，将讨论临界点附近的现象。

临界点虽然是孤立点，临界现象却不是自然界中的孤立现象。我们在下一章中就要列举形形色色的相变和临界现象。

第三章
千奇百怪的相变现象

相变是有序和无序两种倾向矛盾斗争的表现。相互作用是有序的起因，热运动是无序的来源。在缓慢降温的过程中，每当一种相互作用的特征能量足以和热运动能量 kT 相比时，物质的宏观状态就可能发生突变。换句话说，每当温度低到一种程度，以致热运动不再能破坏某种特定相互作用造成的秩序时，就可能出现一个新相。多种多样的相互作用，导致形形色色的相变现象。愈是走向低温，更为精细的相互作用就得以表现出来。然而，新相总是突然出现的，同时伴随着许多物理性质的急剧变化。

广延量和强度量

其实，控制相变发生的参数决不限于温度。一般说来，宏观的物理量可以分为两大类。一类与物理系统的总质量有关，这包括体积 V，总粒子数 N，总能量 U，物体的总极化强度 $\boldsymbol{P}$ 或总磁化强度 $\boldsymbol{M}$，以及前面第一章中提到的熵 S 等等。这些量可以“分割”，可以问物体某一部分或单位体积的粒子数是多少，定义粒子数密度，但不能说物体中某一“点”的能量是多少。这一类量称为广延量。另一类物理量是强度量，例如压力 P，温度 T，电场强度 $\boldsymbol{E}$，磁场强度 $\boldsymbol{H}$ 等。强度量可以逐点地测量和改变，可以造成空间均匀或不均匀的分布。

大多数广延量和强度量是成对出现的：体积和压力，熵和温度，总极化强度和电场强度，总磁化强度和磁场强度，等等。每一对变量的乘积，例如 PV，TS，$\boldsymbol{P}\cdot\boldsymbol{E}$，$\boldsymbol{M}\cdot\boldsymbol{H}$，都具有能量的量纲。它们又称为“共轭”变量。注意，这里两个矢量的乘积是它们的“标量积”，即

$$\boldsymbol{M}\cdot\boldsymbol{H}=MH\cos\theta$$

其中 θ 是两个矢量的夹角。这正如外力所做的功，是力乘位移绝对值再乘上其夹角的余弦一样。其实，力和位移也是一对共轭变量。一般说来，强度量是控制宏观系统发生相变的参数。

我们先看温度这一个参数，列举一批在温度变化过程中发生的相变。物理系统中的相互作用，有些可以靠经典力学了解，有些则必须借助量子力学解释；有的先要引用一点量子力学，然后就可以经典地讨论到底，就叫做半经典现象吧。这里先按照相互作用的性质，对相变做一次物理的分类。以后会看到，这种分类并没有抓住相变的本质。上一章中介绍的，用范德瓦耳斯方程描述的气液相变，是经典现象的例子。下一节中要讨论的铁磁转变可算是一种“半经典现象”。

铁磁和反铁磁相变

磁石能吸铁，这是人类早就知道和利用的现象。还在 17 世纪，就有人发现，将磁铁加热到高温，它就会失去磁性。到了 19 世纪，不少物理学家对磁性进行了比较系统的研究，发现了磁性消失的“临界温度”，这是人类认识较早的另一种相变现象。

磁现象的本质是量子的。玻尔早在 1911 年就指出，后来范列文在 1921 年证明：由经典力学出发的统计物理中，不可能有平均磁矩存在。那证明的基本思想是很简单的。根据经典电动力学，外磁场 $\boldsymbol{H}$ 进入系统总能量的唯一方式，是把每个粒子的动量 $\boldsymbol{P}_i$ 换成 $\boldsymbol{P}_i-\frac{e}{c}\boldsymbol{A}$，

其中 e 是粒子的电荷，c 是光速，$\boldsymbol{A}$ 是矢量势，它的旋度就是磁场，即

$$\boldsymbol{H} = \mathrm{rot}\boldsymbol{A}$$

计算配分函数时要对一切 $\boldsymbol{P}_i$ 求积分，只要把积分变量做一次平移，$\boldsymbol{A}$ 就从热力学函数中消失。平均磁矩 $\boldsymbol{M}$，作为磁场 $\boldsymbol{H}$ 的共轭变量，是自由能对 $\boldsymbol{H}$ 或 $\boldsymbol{A}$ 的导数，它必然等于零。

必须先假定每个粒子具有一个磁矩 $\boldsymbol{S}$，磁场才能通过 $\boldsymbol{S} \cdot \boldsymbol{H}$ 项进入系统的总能量，从而保证平均磁矩

$$\boldsymbol{M} = \langle \boldsymbol{S} \rangle \neq 0$$

至于 $\boldsymbol{S}$ 本身的由来，可以用量子力学另行论证。这样，研究磁现象可分两步走。一是用量子力学说明磁性的起因，二是假定粒子已有了磁矩，去求物质的宏观磁性。为了解释磁相变，这第二步也就够了。因此，我们把磁相变列入半经典现象。

现在已经知道几千种具有各类磁相变的金属、合金和化合物，其相变点分布在从极低温的毫度到一千度以上高温的广阔范围。我们只考察铁磁和反铁磁相变的典型表现，完全不涉及亚铁磁、弱铁磁、螺旋排列的磁有序等更为复杂的情况。

理论上最简单的是单轴各向异性的铁磁体，它具有一个容易磁化的晶轴，磁矩取向只能平行或反平行于这个轴。在温度足够高时，热运动占优势，两种取向机会均等，宏观的平均磁化强度 $M=0$。当温度降到居里点 T_c（就是前面提到的临界温度，“居里点”这一名称的由来我们下面要谈到）以下时，磁矩间的相互作用开始压过热运动的干扰，自发地出现宏观磁矩 M。M 可以取上、下两种方向之一，这是由偶然因素决定的（我们只考虑样品没有分成磁化方向不同的“磁畴”的情形。成畴是与表面有关的宏观效应，和相变本身没有直接联系）。温度继续降低时，M 的数值略有增加。M（T）的变化如图 3.1 所示。在居里点附近，M（T）趋近零的方式和临界点附近气液两相的密度差相像，也可以写成

$$M = B\left(\frac{T_c - T}{T_c}\right)^{\beta} \equiv B(-t)^{\beta}$$

这里引入了无纲参数 $t \equiv (T - T_c)/T_c$，它反映温度接近 T_c 的程度。本书中要多次利用这个约化变量，简称为“相对温度”。β是描述自发磁化强度随温度变化的“临界指数”，对于大多数铁磁体，实验测得的 β 数值接近 1/3。

如果用 M 和 H 为变量画出磁相图（图 3.2），则上面讨论的自发磁化发生在 $H=0$ 的一段纵轴上。不等于零的外场当然决定了磁化方向。沿图 3.2 上 $T<T_c$的一条等温线 AB 将磁场减小到零，然后使磁场在相反的方向逐渐增大，平均磁矩经过 A、B 点进入与外场反向的亚稳态，一直达到亚稳边界 C，然后突然反向到 D 点（工业磁性材料的“磁滞迴线”与磁畴的形成和运动有关，过程比这里复杂）。

在居里点附近，许多物理量表现反常。图 3.3 中绘出铁磁化合物 EuO 和 EuS 的比热尖峰。图 3.4 中绘出铁（含 0.5%的钨）在居里点以上磁化率的奇异性。磁化率 χ 是磁矩对外磁场的导数$\left(\frac{\partial M}{\partial H}\right)_T$，它在居里点附近的温度变化可表示为

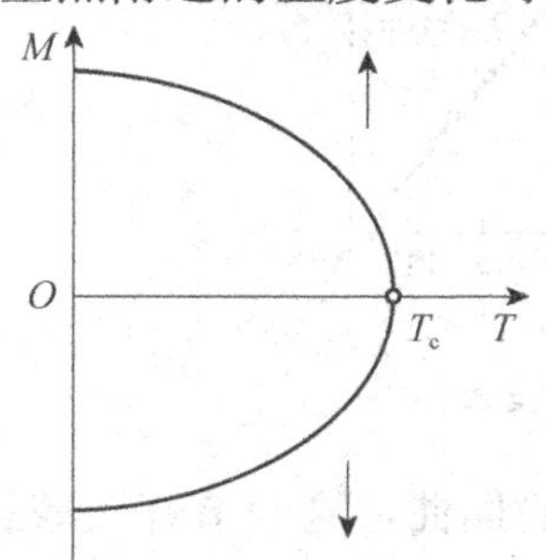

图 3.1 自发磁化与温度的关系

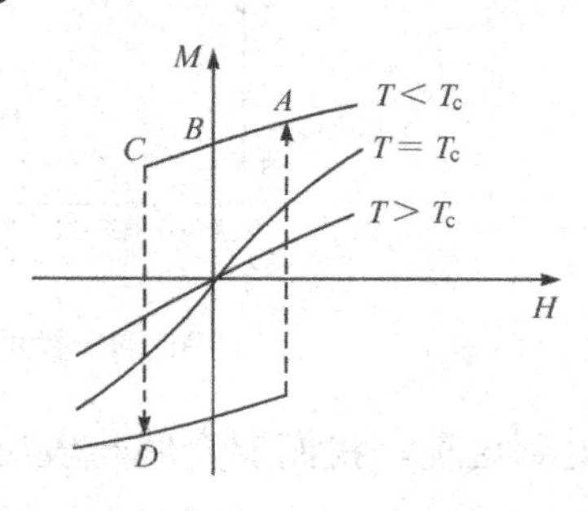

图 3.2 磁状态方程的等温线

$$\chi = A(T - T_c)^{-\gamma}$$

这里γ是表示磁化率发散程度的另一个“临界指数”。将这个式子两边取对数，就得到

$$\ln\chi = \ln A - \gamma\ln(T - T_c)$$

图 3.4 中的两个坐标轴都取了对数，实验点落在一根直线附近，其斜率是$-\gamma$，$\gamma \simeq 1.33$。

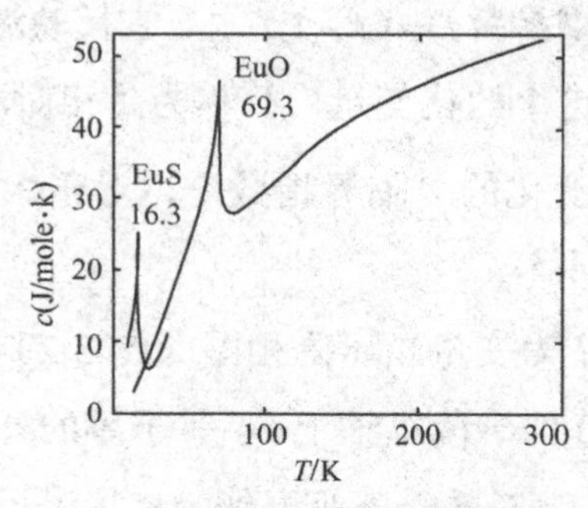

图 3.3 EuO 与 EuS 的比热尖峰
（图内数字是居里温度）

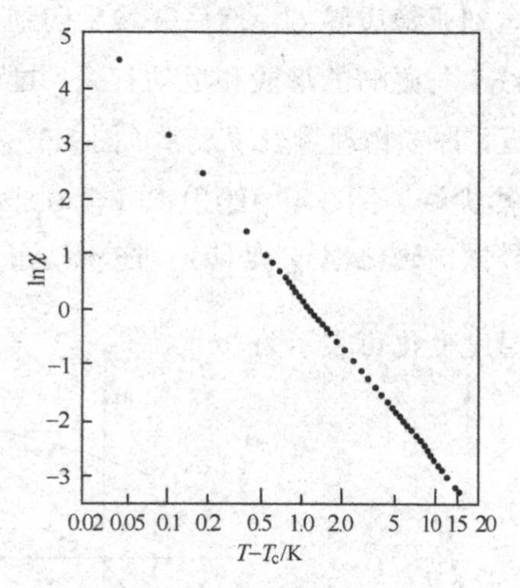

图 3.4 铁的磁化率发散

说到这里，我们要介绍一段历史上的插曲。这一节开头曾提到，19 世纪中好几位物理学家都发现了铁磁性突然消失的临界温度。为什么现在人们把它称为“居里点”呢？这里说的是皮埃尔·居里，就是那位和夫人一起对放射性研究做出过卓越贡献的法国物理学家。他在 1895 年发表了一篇学术论文，专门讨论铁磁相变，其重要性可与 1869 年安德鲁斯关于气液临界点的讲演相比。在这篇论文中他特别强调了铁磁体镍 Ni 与二氧化碳的相似性。如果将磁场 H 比做压力 P，自

发磁矩 M 比做密度 ρ，那么 $H-M$ 的相图与 $P-\rho$ 的相图非常类似（图3.5）。图3.5（b）实际上是图3.2，只是对换了坐标轴，删去了亚稳线。只要对比 $P-T$ 相图上的临界点（见图2.3）和 $H-T$ 相图上的居里点（图3.6），就可以清楚地看到，它们是一回事。铁磁相图上 $T \leqslant T_c$ 的一段温度轴也是一条相界线，将磁矩向上和向下的两个"相"分开，以 T_c 为结束点；在 T_c 以上两相没有差别。由于临界点的存在，可以连续地从一个相转变到另一个相（图3.6中的虚线）。

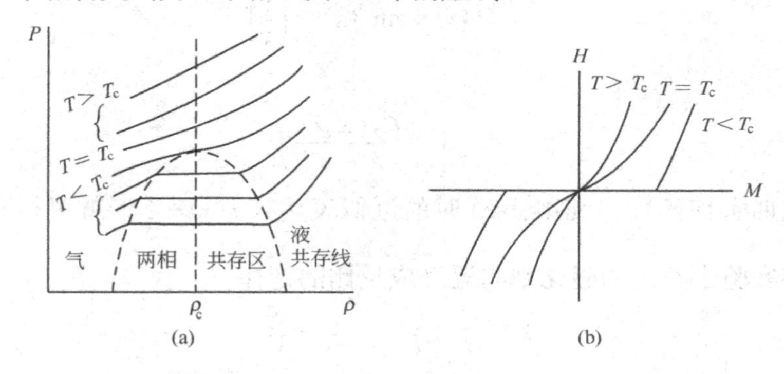

图3.5 铁磁磁化曲线与气液 $P-\rho$ 相图的比较

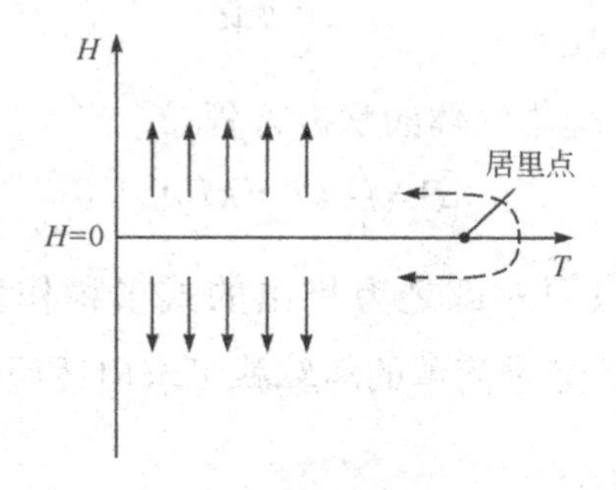

图3.6 铁磁居里点

居里还建议了一些实验来进一步验证这些看法。正是根据磁-液类比，外斯在1907年提出了解释铁磁现象的著名"分子场理论"。外斯用一个均匀的，与自发磁化强度平行的"分子场" aM 来代替分子之间的相互作用，a 是一个比例系数。他甚至把这种分子场叫做"内场"，来强调它和范德瓦耳斯引入的"内压力"的相似性。

具有微观磁矩 **S** 的分子在外磁场中会沿磁场方向排列，使能量降低，而热运动要破坏这种取向。法国物理学家郎之万根据统计物理的基本原理算出了这种理想的、没有相互作用的分子在外磁场中的无纲磁化强度

$$M = L\left(\frac{SH}{kT}\right)$$

其中函数

$$L(x) \equiv \mathrm{cth}\,(x) - \left(\frac{1}{x}\right)$$

而

$$\mathrm{cth}\,(x) \equiv \left(\frac{e^{x} + e^{-x}}{e^{x} - e^{-x}}\right)$$

是双曲余切函数。利用 $x \ll 1$ 时的近似表达式 $L(x) \simeq \frac{x}{3}$，就可得到居里在实验上发现的磁化率与温度成反比的定律

$$\chi = \frac{M}{H} = \frac{C}{T} \qquad C = \frac{S}{3k}$$

或改写成

$$H = \frac{1}{C}TM$$

这个式子就相当于理想气体的状态方程

$$P = \frac{N}{V}kT = kT\rho$$

外斯建议，只要对郎之万推出的式子稍作修改，把 H 换成 $H+H_{内}$，$H_{内}=aM$，经过简单的运算就可求出适用于铁磁体的磁化率公式

$$\chi = \frac{C}{T - C_{c}} \qquad 其中 \qquad T_{c} = \frac{aS}{3k}$$

而外磁场为零时的自发磁化强度

$$M = b\,(T_{c} - T)^{1/2}$$

b 为数值系数。

我们看到，临界点 T_c 是一个可以明确定义的特征温度，把它的定义改写成 $kT_c = Sa/3$，正好说明微观磁矩 S 在内场 a 中的能量，可

以与 $T=T_c$ 的热运动抗衡。系数 3 与具体模型有关，我们不详细讨论。在这一点上，自发磁化 M 趋于零，磁化率 χ 发散。利用外斯理论，还可以推导出临界点的许多其他特性。为了纪念 1906 年遇难身死的居里，外斯把这个临界点称为“居里点”。由于居里的法文名字第一个字母也是 c，所以还用“T_c”表示。直到 20 世纪 20 年代，许多人还把铁磁体的 T_c 称为“临界点”。后来“居里点”才成为通用的名称。叫什么名字是无关紧要的事，遗憾的是在“改名”的同时有些人却忘记了铁磁相变与气液临界点的深刻类比。

顺便指出，由外斯的分子场理论得出的定量结果与实验并不符合。将 χ、M 的式子与前面临界指数 β，γ 的定义比较，就可看出按分子场理论，$\beta=1/2$，$\gamma=1$，而实验结果大体上是 $\beta=1/3$，$\gamma=4/3$。这两者的矛盾，直到 20 世纪 60 年代，由于实验精度的提高，才变得更为尖锐。

现在讨论反铁磁相变。如果晶格中微观磁矩的相互作用，使得两个相邻磁矩反平行时能量更低，低温下就会出现另一种磁有序：整个晶格划分为两个互相嵌套的次格子，每个次格子上磁矩彼此平行，但两套格子中的磁矩方向相反，大小相等，使得任何温度下都不会出现宏观的磁矩。然而，可以定义每个次格子的平均磁矩，它可以用核磁共振测量。这种新的磁有序是在降温到某个特定的 T_N 时突然出现的。虽然整个样品仍旧不具有宏观磁矩，但比热，磁化率等物理量在 $T=T_N$ 附近却有反常。这就是反铁磁相变。法国物理学家奈耳对反铁磁相变的研究有过重要贡献，通常把反铁磁转变温度称为奈耳点 T_N。

仍然考察单轴各向异性的反铁磁体。只加小小的外磁场破坏不了反铁磁有序。当磁场大到一定程度时，取向不利的次格子中的磁矩会突然翻转。这个磁矩翻转的相界线示于图 3.7 的 $H-T$ 相图中。

与铁磁体不同，反铁磁体的磁化率在奈耳点 T_N 并不发散，只是呈现一个峰值，但比热仍然具有趋向无穷的尖峰。图 3.8 是一种单轴各向异性的反铁磁体——镝铝石榴石的磁化率和比热的实验曲线。请注意，那比热尖峰的形状与下面要介绍的液氦 λ 点（图 3.14）很相近。

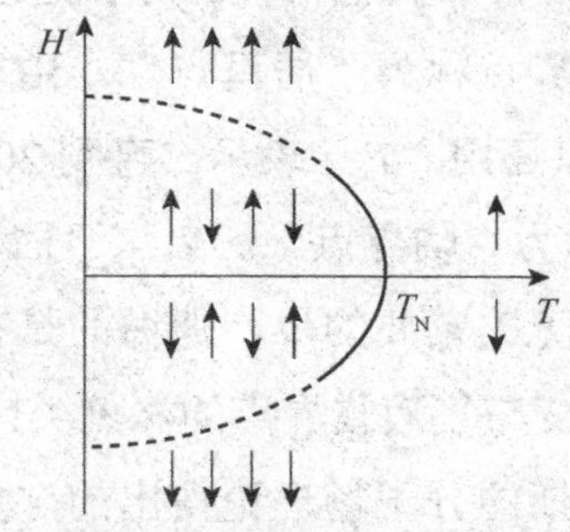

图 3.7 单轴反铁磁体的 $H-T$ 相图

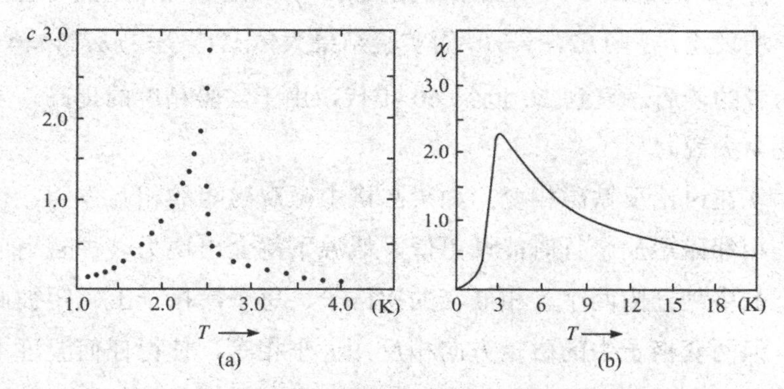

图 3.8 镝铝石榴石的比热（a）与磁化率（b）曲线

合金的有序-无序相变

20 世纪以来，X 射线的衍射成为物理学家研究晶体结构的有力工具。不仅纯化学元素，而且许多化合物和合金，都具有严格的周期结构。例如，最简单的化合物之一——氯化钠——具有立方对称，氯离子和钠离子的位置交替排列。温度升高时氯离子和钠离子的位置会不会变乱呢？由于带电离子之间的耦合非常强，这种情况不会发生。排列还没有变乱之前，食盐早就熔化了。

原子位置变乱的情况可能在合金中发生。最简单的例子是黄铜，即铜锌合金，Cu 和 Zn 各占 50%。它也是立方结构。在绝对零度附近，Cu 原子在立方体的中心，Zn 在立方体的角上（见图 3.9（b））。换一个说法，有两套简单立方格子，沿立方体对角线错开一半距离。Cu 的“席位”在一套格子上，而 Zn 应占据另一套。随着温度升高，有些 Zn 原子可能“错误”地跑到 Cu 的席位上，反之亦然。但是，位置坐“对”的原子还是多数。然而，到了临界点（对黄铜说是 742K）以上，情况就完全不一样了。两种位置完全等价，分不出“对”和“错”（图 3.9（a））。从 X 射线的衍射看，临界点以下有两组原子面，间距为 d，而临界点以上只有一组面，间距为 $d/2$。比热的测量也发现，在临界点上的一个 λ 型的尖峰。

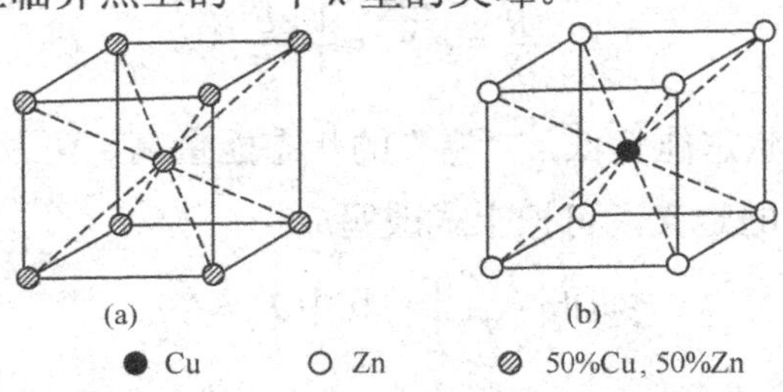

图 3.9　黄铜（CuZn）的（a）无序（b）有序结构

这种有序-无序的相变是从理论上先预言的，最早在铜-金合金中观察到。20 世纪 30 年代布拉格和威廉姆斯提出了一种简单的描述。假定总共有 N 个原子，A、B 两类各占 $N/2$，其中有 R 个原子位置坐“对”，W 个原子位置占“错”。可以引入一个“序参量”ξ，它与 R、W 的关系是

$$\xi = \frac{R-W}{R+W} \qquad R = \frac{N}{2}(1+\xi) \qquad W = \frac{N}{2}(1-\xi)$$

如果完全规则排列，没有“错”位，$W=0$，序参量 $\xi=1$。反之，若两种位置完全等价，分不出“对”和“错”，$R=W$，序参量 $\xi=0$。只要温度低于 T_c，ξ 就不等于零。

相互作用是造成原子有序分布的原因。设 AA、BB、AB 原子之间的相互作用分别为 V_{AA}，V_{BB}，V_{AB}。如果

$$V=\frac{1}{2}(V_{AA}+V_{BB})-V_{AB}>0$$

异类原子就喜欢做最近邻，从而造成 A、B 交替排列，因为那时相互作用能量低。

序参量 $\xi\neq 0$ 的状态是一种有序态。与上一节讨论的铁磁转变比较，ξ 相当于自发磁化强度 M。根据与铁磁类似的考虑，可以引入一个相应的“内场”。

$$H_{内}=\frac{Z\xi V}{2}$$

这里 Z 是最近邻的数目。利用第一章中介绍的玻耳兹曼统计分布因子，可以写出“对”和“错”的原子数目比

$$\frac{R}{W}=e^{\frac{2H_{内}}{kT}}=\frac{1+\xi}{1-\xi}$$

因为“对”的状态能量低，“错”的状态能量高，两者之差是 $2H_{内}$。利用双曲函数的定义，可把上式改写成

$$\xi=\mathrm{th}\left(\frac{\xi T}{T_c}\right)\quad 其中\ T_c=\frac{ZV}{2k}$$

这个式子非常像外斯的分子场理论。只是这里对应外磁场 H 的量为零，函数形式稍有不同。那里出现的

$$L(x)\equiv \mathrm{cth}x-\frac{1}{x}$$

换成了这里的 $\mathrm{th}x$。当 x 很小时，两者只差一个系数 1/3。为了强调这种类比，人们把这里出现的 T_c 也叫做居里点，尽管居里在世时这一现象尚未发现。按理论预言，在居里点附近序参量

$$\xi\propto(-t)^{\beta}\qquad \beta=\frac{1}{2}$$

这里 t 还是前面引入的相对温度。后来，用中子散射方法测出 $\beta\approx 0.3$。还可以定义与铁磁情形类似的“磁化率”临界指数 γ，实验测得 $\gamma\approx 1.25$。

我们看到，气液、铁磁和反铁磁、合金有序-无序这些相变的机制很不相同，但表现形式却十分类似。其中“妙理”何在，我们将在以后逐步探寻。

变化多端的中间相——液晶

第二章中介绍了物质的气-液-固三态变化，实际上物质的状态变化不止这三态。不少棒状或扁盘状分子在一定温度区间会处于某种非液非固的中间相——液晶态。它们不是固体，分子的质心位置没有完全的周期性；它们也不是通常的液体。其分子取向有明显的各向异性，能产生光的双折射等晶体中特有的现象。虽然早在一百多年前就发现了液晶，但系统的物理研究还是近40年的事。由于液晶在技术中的广泛应用，人们对它开始熟悉起来。数字手表和许多电子计算机显示屏用的就是这种材料。

液晶究竟有多少相，现在还说不太清，因为不断有新的相发现。大体上可以根据对称性质分为三大类，一类叫向列型，一类叫胆甾型，一类叫近晶型。

在向列型的液晶中，棒状分子有一个平均取向，用指向矢 $\boldsymbol{n}$ 代表（见图 3.10），而质心位置完全无序，表现为液体。向列相液晶具有单轴各向异性，没有外场时，$\boldsymbol{n}$ 轴的取向是任意的。

胆甾型液晶中分子的质心也没有规则排列，从局部看，它很像向列型的液晶。如果放大范围，可以看出两者的差别。胆甾型液晶的指向矢 $\boldsymbol{n}$ 具有螺旋对称（图 3.11），可以写成分量的形式

$$n_x = \cos(q_0 z + \varphi)$$
$$n_y = \sin(q_0 z + \varphi)$$
$$n_z = 0$$

这里螺旋轴 z 的取向及相角 φ 均是任意的。胆甾相的周期

$$L = \frac{\pi}{|q_0|}$$

通常在几千埃的范围。如果 L 正好与光波波长相等，就会显出彩色光泽。q_0 的符号可正可负，表示左手或右手螺旋。由于这种液晶由胆固醇的衍生物构成，所以取了“胆甾”这个名称。

非液非固的中间相

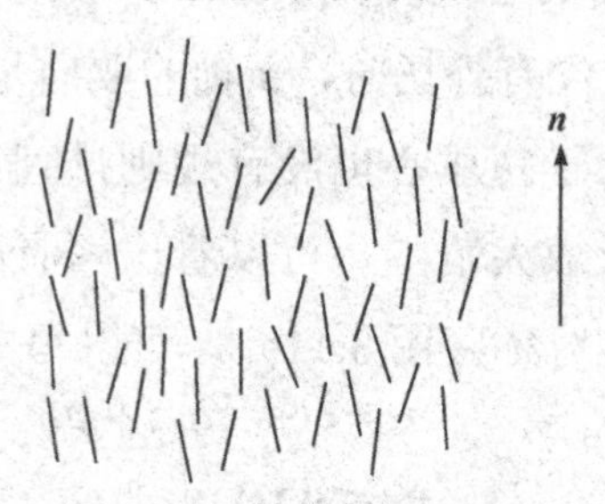

图 3.10 向型液晶示意图

已发现的近晶型液晶有八类之多，但研究得比较仔细的是 A、B、C 三类。它们的共同特点是有层状结构。多数情况下，分子在一层之内可以相当任意地活动，但在不同层之间扩散的概率很小。

近晶 A 相中，一层内的分子与层的法线平行排列(见图 3.12(a))，层的厚度实际上就是分子的长度。一层内分子的质心位置没有长程关联。

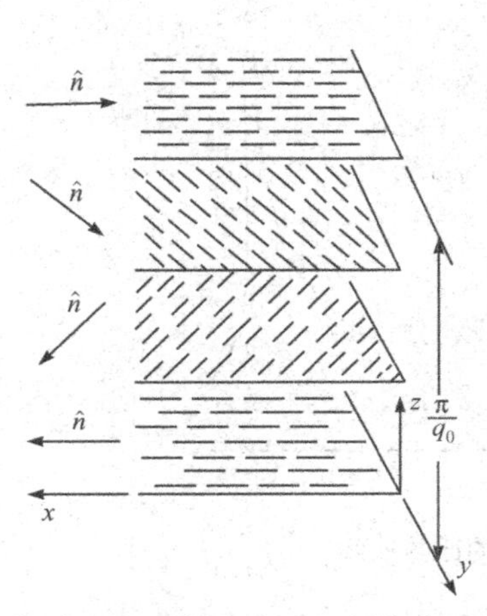

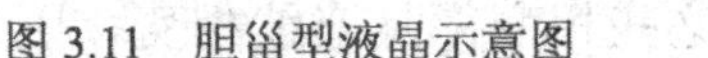
图 3.11　胆甾型液晶示意图

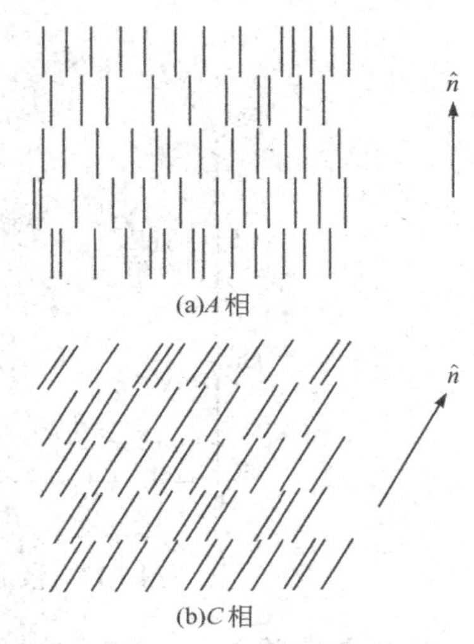

(a)A 相

(b)C 相

图 3.12　近晶型液晶示意图

近晶 C 相的结构示意图 3.12（b），从 X-射线衍射结果发现，分子层的厚度小于分子的长度，这是由于分子倾斜造成的。有些物质中，倾斜角还可能随温度变化。

近晶 B 相更接近晶体，一层内的分子位置之间也有较强的关联。

从相变研究的角度，特别使人感兴趣的是：同一种液晶材料，在不同温度下可以处于不同的相，产生变化多端的相变现象。例如，固体熔化时，可先变成近晶 B 相，然后 C 相，再 A 相，经过向列相，最后达到各向同性的液态。也可能是：固相→近晶 A 相→胆甾相→各向同性液体。这里我们再次看到了相互作用能量与热运动能量相互消长的现象。温度愈高，热运动愈占优势，有序程度愈低；反之，温度愈低，相互作用愈占优势，有序程度愈高。这种“步步紧逼”的竞争在液晶中充分地表现出来。

图 3.13 绘出了简称为 8S5 的一种液晶材料（化学式子是 $C_8H_{17}OC_6H_4COSC_6H_4C_5H_{11}$）比热随温度变化的曲线。温度 86℃的比热尖峰（它的高度达到 265，图中画不下了）对应各向同性液态到向列相的转变。64℃的比热奇异性因向列相到近晶 A 相的转变而引起。最后，56℃的比热跃变对应近晶 A 到 C 的相变。

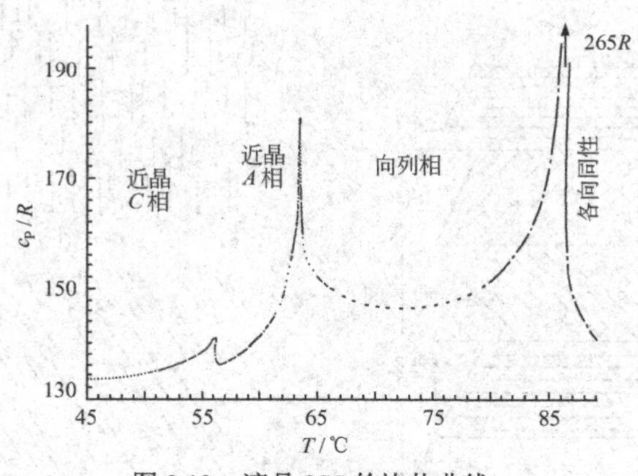

图 3.13　液晶 8S5 的比热曲线

最初人们曾以为，液晶中的这些相变都是连续相变，因为没有发现明显的潜热和体积变化。但是，更为细致的研究表明，有些转变（如各向同性液体——向列相）不是连续相变，另一些还有争议，需要进一步研究。我们这里讨论的还只是变化温度这一个参数所导致的相变，如果加上外电场、外磁场，或用其他方式诱导分子取向，液晶中的各种相变现象更是变化多端。

“巧夺天工”：极低温揭开的秘密

科学技术的进步，使人类有可能创造出各种极端的物理条件：高温、高压、高密度、高真空……然而，大自然往往在宇宙中某个地方，早就创造出更极端的条件。人类还得奋斗若干世代，才能在这些方面与大自然争记录。唯独有一个领域，物理学家们已经“巧夺天工”，在实验室中制造出未曾在宇宙其他地方发现过的极端条件，那就是极低温。

早在 18 世纪初就有了存在低温极限的假设。19 世纪的盖-吕萨克推断这个极限在-273℃，现在知道绝对温度零度是-273.15℃。20 世纪初，能斯脱把“只能接近，而不能达到绝对零度”表述为热力学第三定律。事实上，从 1K 降到 0.1K，技术上要比从 100K 升到

1000K远为困难。自从1877年首次将温度降到100K以来，经过100年的努力，实验室中的最低温度下降了约100万倍。1980年降到0.1mK附近，1983年已经降到0.03mK。这是指可以做一些实验的低温条件。仅仅为了创记录，把物理系统中某一部分自由度冻到更低的温度，早就达到过微度（μK）以下。20世纪末，人们已能把温度降到纳度（nK，即10^{-9}度），下面要简单介绍。

极低温使极细微的相互作用显示出来，自然界不得不向人类吐露许多她在宇宙其他地方尚不肯轻易揭示的秘密。这包括各种量子效应引起的相变。关于“超导”、“超流”，这些奇妙的物理现象，在《物理学基础知识丛书》中有专书介绍。我们只从相变的角度，简单地提一下。

低温研究的现代“世纪”是从卡末林·昂尼斯实现氦的液化开始的。许多人尝试过将液氦进一步冷却，使其固化，结果都失败了。只有加上二十多个大气压，才能产生固态的氦。因此，在常压下，氦是“永久液体”。为什么液氦不固化呢？这是经典物理不能解释的现象，必须借助于量子理论。

按照经典理论，接近绝对零度时，原子的动能趋于零，而从相互作用能量角度看，它们排成周期点阵最有利。因此，所有物质在极低温条件下应处于晶体状态。可是，根据量子理论中的海森堡“测不准原理”，原子的坐标与动量不能同时精确地测定。假定坐标的确定程度是原子间距的数量级，即$\Delta x \simeq 3Å$，动量的不确定性就达

$$\Delta p_x \simeq \frac{\hbar}{\Delta x} = 0.35\times10^{-19}\text{尔格•秒/厘米}$$

这里$\hbar = 1.05\times10^{-27}$尔格·秒，是普朗克常数。这样大的动量相当于一种“零点运动”的动能

$$\frac{(\Delta \boldsymbol{p})^2}{2m_{\mathrm{He}}} = \frac{3(\Delta p_x)^2}{2\times 4m_{\mathrm{H}}} \simeq 2.8\times10^{-16}\text{尔格}$$

用温度单位，这一能量相当于2K。这就是说，即使在绝对零度，氦原子也具有相当于2K热运动的能量。注意到，“零点运动”能与质

量成反比。氦是仅重于氢的原子，所以量子效应很显著。同时，氦又是惰性气体，原子间的相互作用很弱。这两个因素凑在一起，使氦原子的位能小于零点运动能，导致晶格不稳定性。只有外加足够的压力，使位能增加，才能形成固态氦。

虽然液氦是低温研究不可缺少的媒介，但它的许多奇特性质发现得比较晚。在 20 世纪 30 年代前后，人们才注意到，在 2.17K 附近，液氦又发生一次相变，进入“超流”状态。“超流”的液氦可以毫无阻尼地通过毛细管，在悬挂的容器中，它会自己“爬”出来，当容器转动时，有一部分液氦会停着不动，等等。这些现象都超出了传统的观念。

图 3.14 是液体 ^{4}He 的比热实验曲线。这条曲线恰巧选在经过气液临界点的等容线上。出现在 5K 附近的第一个尖峰对应临界点。第二个尖峰才是超流转变所引起。它的形状很像希腊字母 λ，因此超流相变点也称为 λ 点，相变温度记为 T_λ。图 3.14 中 T_c 处的尖峰其实也是 λ 形的（请参看图 2.5 氩的实验数据），这是 20 世纪 60 年代精密测量的结果。从前以为 T_c 处比热发生有限跃变，而把 λ 峰列为特殊的一类。

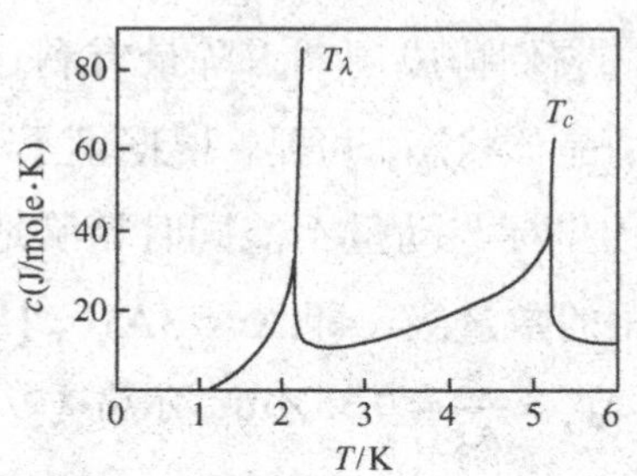

图 3.14 ^{4}He 的低温比热实验曲线

图 3.15 是 ^{4}He 是低温相图，其中液相分为两部分，Ⅰ是正常液体，Ⅱ是超流液体，Ⅰ和Ⅱ两相之间的界线对应超流转变，称为 λ 线。我们注意到，氦的低温相图与普通物质的典型相图（见图 2.10）很不一样。通常的气-液-固三相点，在这里由熔化线与 λ 线的交点所取代。

永久液体

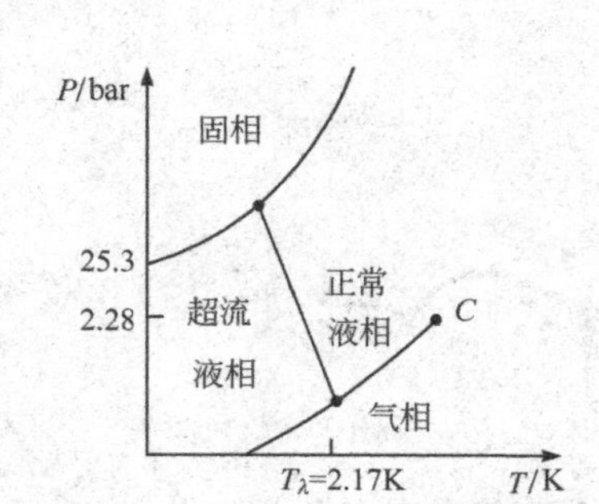

图 3.15 ^{4}He 的低温相图（示意）

玻色-爱因斯坦凝聚

为什么会出现超流现象呢？这里要用一点量子理论。微观粒子除了坐标空间的运动自由度外，还有一种“内部”自由度——自旋。粗略地说，可以把它看成一个转动的小陀螺，有一个小磁矩。电子、中子、质子这些粒子的自旋都是 1/2。具有半整数自旋的粒子叫费米子。光子、π^-介子的自旋是 1。整数自旋的粒子叫玻色子。

说到玻色子，这里有一段故事。1924 年达卡大学（当时属印度，现在归孟加拉）的一个叫玻色的年青教师寄了一篇 6 页的文章给举世闻名的物理学家爱因斯坦。文章的标题是“普朗克定律和光量子假说”。从光是由离散的量子（称为光子的粒子）构成的假定出发，玻色推导出了普朗克的黑体辐射分布。这位科学大师立即意识到这篇文章的重要性，把它译成了德文，在《德国物理杂志》发表。这就是玻色统计的由来。爱因斯坦还把它推广到有质量的粒子，预言了玻色-爱因斯坦凝聚现象。所谓“凝聚”是指温度降到一个特定值后，越来越多的玻色子处于能量最低的，也就是动量为零的状态。请注意，这里说的不是像气变成液体那样的原子在坐标空间的凝聚，而是在“动量空间里的凝聚”。

当时，爱因斯坦自己对实验上能否观察到这一现象也有些将信将疑，也曾设想过把稀薄气体冷却到最低的温度来进行观察。由于实验技术的困难，这一预言经过了 70 年才真正被实验证实。1995 年，美国科罗拉多大学及国家标准局的物理学家考奈尔和维曼用激光冷却、磁场俘获和“蒸发冷却”（让能量高的分子逃逸，剩下的气体温度降低）等方法把铷（Rb）分子组成的稀薄气体冷却到几十纳 K（10^{-9}K），观察到了玻色-爱因斯坦凝聚现象。图 3.16 中显示的是降温过程中逃逸分子的速度分布（见文前彩图）。原点（零动量）的尖峰证明玻色-爱因斯坦凝聚的存在。由于这项突破性的发现及进一步研究，这两位科学家和美国麻省理工学院的凯特里教授共同获得了 2001 年的诺贝尔物理奖。

回顾历史，1938 年卡皮查发现的液氦在 2.17K 的超流转变（他因此项发现和其他贡献获得了 1978 年诺贝尔物理学奖)就是这种“凝聚”。当然，由于氦原子间有复杂的相互作用，这种凝聚比理想的玻色子要复杂得多。一般说来，量子力学描述的规律在微观粒子的运动中表现突出，在宏观尺度上往往被掩盖，而超流则是一种宏观范围内的量子效应。由于玻色-爱因斯坦凝聚，氦原子间出现了很强的关联，形成一个“抱团很紧”的集体，要改变整个集体的状态，需要消耗相当大的能量。“超流”正是这种“抱团”现象的具体表现。

许多金属和合金在特定的温度下突然失去电阻，成为完全抗磁体（磁力线不能穿透到体内）这种现象称为“超导电性”。在超导转变点 T_c上，比热有一跃变（见图 3.17）。在高温一侧是正常态金属的电子比热，它与温度成线性关系。在低温端，比热按指数规律趋向于零。虽然从 1911 年发现超导现象以来，人们进行了大量的系统研究，但一直未能建立微观理论。早就有人猜测，超导电性是一种电子液体的超流。但是，电子是费米子，费米子和玻色子具有完全不同的统计性质。即使费米子之间没有其他相互作用，由于“泡利不相容原理”的缘故，每个状态只能被一个粒子所占据。在绝对零度附近，从能量最低的状态开始填充，每个能级上有两个费米子

（自旋分别处于向上和向下的状态），填充的最高能级叫费米能量。因此费米子体系不会出现玻色凝聚。这个难题直到 1957 年才解决。

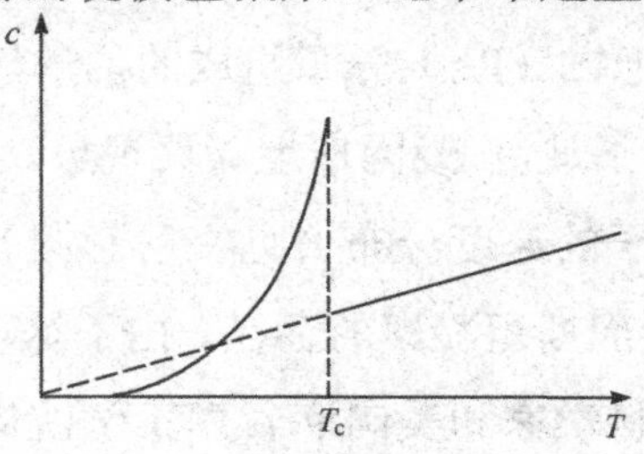

图 3.17　超导体电子比热示意图

原来，借助晶格的作用，两个电子之间可能出现很弱的相互吸引，产生“配对”的现象。在这个基础上，巴丁、库柏和施里弗建立了超导的微观理论。动量和自旋都相反的两个电子组成“库柏对”，它们的运动产生很强的关联。这些电子对作为“复合粒子”具有零动量和零自旋，因此能发生玻色凝聚。但是，这个电子对的耦合能量很小，尺寸相当大，远大于不同对之间的平均距离。实际上，这些库柏对互相重叠，互相渗透，不能把它们简单地看成一堆相互独立的分子。

前面讲的液氦都是指原子量为 4，分布最广的同位素 ^{4}He。它外层有两个电子，原子核中有两个中子和两个质子。由于 ^{4}He 共有六个费米子，总自旋是整数，作为整体是玻色子。氦的另一种非常罕见的同位素 ^{3}He，只比 ^{4}He 少一个中子，它们的化学性质完全相同。但是，^{3}He 由奇数个费米子组成，作为复合粒子是一个费米子，许多物理性质与 ^{4}He 有很大的差别。

对 ^{3}He 的兴趣，最早在于用它获得极低温。图 3.18 是一个按温度对数比例标画的 ^{3}He 低温相图。它的熔化线有一个极小值 M，温度低于 M 点时，斜率 $\frac{dP}{dT}$ 是负的。第二章中曾提到，根据克拉珀龙-克劳修斯公式，这个斜率正比于两个相的熵差。由于固相 ^{3}He 的熵比液相高，这个斜率变成负的。通常的液体在加压凝固时会放热，

而 ^{3}He 在压缩时会吸热。这种现象叫坡密兰丘克效应，可以用它来制冷，达到 1mK。

超导微观理论建立后，许多理论家就预言，液态 ^{3}He 在低温下可能转入与超导类似的超流状态。由于两个氦原子靠得很近时会有排斥作用，^{3}He 情形下的配对要比电子复杂得多。加之对相互作用的细节不清楚，发生这个转变的温度很难估算。最初理论估计很乐观，但实验上观测不到；后来理论又“修正”得太悲观，以致不能期望靠现有的低温技术看到 ^{3}He 超流。于是，不少实验物理学家失去信心，不再去寻求 ^{3}He 的超流相。

1971 年美国康奈尔大学的几位实验工作者，在研究高压下固体 ^{3}He 的相变时，偶然发现升温和降温曲线在 2.7mK 以下有两处反常。通过十分巧妙的核磁共振实验，他们确定在液态 ^{3}He 中产生了新的 A 相和 B 相（见图 3.18）。后来还发现，在外磁场中，正常相和 A 相之间还会出现一个 A_1 相。实验测出，在正常-超流相变点上有一个与超导类似的比热跳跃。关于流动性质的研究，证实这些相是超流的。

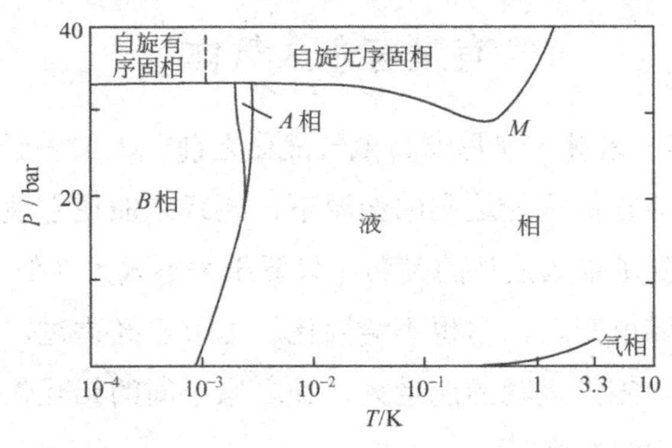

图 3.18 ^{3}He 低温相图

这就是理论家们早就预期的 ^{3}He 超流，只不过实际情况要复杂得多，不是一个而是三个超流相。这里 ^{3}He 原子对的内部结构与金属中的电子对也很不一样。在 A_1 相是自旋与外磁场平行的原子配对（↑↑），A 相还有反向的自旋配对（↓↓），在 B 相更有（↑↓）+（↓↑）的配对。*A* 相和 A_1 相是各向异性的，而 *B* 相则几乎各向同性。

超流 ^{3}He 有一系列奇妙的性质。例如，通常只有当恒定磁场与交变电磁场垂直时才能观察到核磁共振信号，而 ^{3}He 中却可以观察到两者平行时的“纵向共振”，等等。总之，^{3}He 中的超流现象比 ^{4}He 及超导更加丰富多彩。这个研究领域已有三十多年的历史，目前仍然非常活跃。1996 年大尉·李、奥塞罗夫和里查逊因 ^{3}He 超流现象的发现获得诺贝尔物理学奖，2003 年莱格特因对 ^{3}He 超流理论的杰出贡献获得诺贝尔物理学奖。

超流和超导都是宏观范围内的量子现象，只能用量子理论解释。然而，我们将看到，相变点附近各种物理量的奇异性却与量子效应没有直接关系，重要的还是热运动引起的涨落。从相变的意义上讲，这些量子系统比某些经典系统更“经典”。这句话的确切含义在读到第六章时就会清楚。

有没有永久气体

1908 年卡末林·昂尼斯将氦气液化之前，人们曾经把氦称为永久气体，因为在前人能达到的低温下，始终未能使它液化。后来，液体氦又得到了永久液体的美名。只要压力不太大（低于 25 巴），即使在绝对零度附近，它也不会固化。上节已经讲过，这是因为氦原子质量轻，零点运动的能量大，加之原子间的相互作用弱，无法形成有序排列的晶格。

到底有没有永久气体呢？看来应当考虑原子质量更小，零点运动更显著的物质。这就只剩下了一个选择对象——氢。然而，两个氢原子牢牢地结合成 H_2 分子，结合能相当于 52 000K，在低温下根本无法把它们拆开。H_2 气约在 20K 液化，而在 14K 冻成固体。

早在 1927 年伦敦和海脱勒计算氢分子的结构时就知道，由两个氢原子组成一个分子，它们各自带来的一个电子的自旋方向必须相反，才能进入能量更低的束缚状态。如果两个电子的自旋方向相同，两个氢原子之间的作用力就是排斥的，结合不成分子。

因此，要想使氢保持原子状态，而不结合成分子，首先必须使它们的电子自旋都指向同一个方向。这可以借助外加几万高斯的强磁场做到。这就是所谓“极化的氢原子气体”。加了外磁场以后，自旋平行或反平行于外场，能量相差很多，其中能量低的反平行状态得以实现，我们记为 H↓气体。

H↓气体由两个费米子组成：一个质子，一个电子，自旋都是 1/2。因此，每个 H↓原子是一个玻色粒子。由于质量比氦原子小四倍，理论上应当预期 H↓永久保持气体状态（只要压力不太大）。猜想它的低温相图应当如图 3.19 所示。图中气相内的虚线，对应玻色-爱因斯坦凝聚。

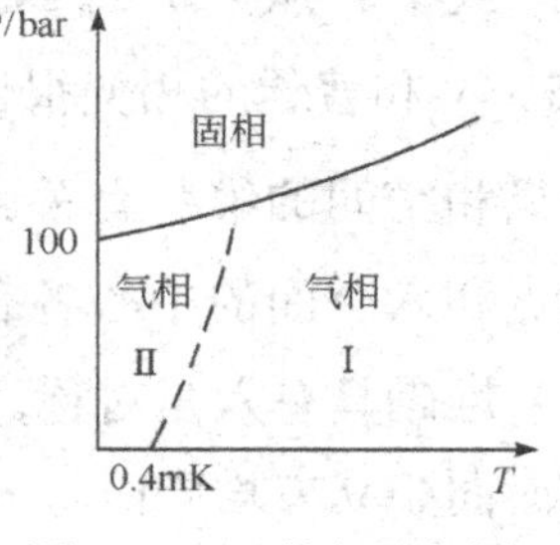

图 3.19　H↓的低温相图（示意）

强磁场和极低温技术的进步，使得 H↓气体的实验研究从 1980 年开始提上日程。这种人造的永久气体，将会有许多奇特的性质等待人们去发现。

极化的氘原子 D↓，应当成为永久的费米气体。它的相图又如何呢？在向超低温进军的过程中，还会有许许多多未知的新现象被揭示出来。

一种“几何”相变：渗流

前面列举的各种相变，大都是在温度这个参数缓慢变化过程中发生的突变。压力的变化也可以导致相变，这从许多相图中都可以看到。

其他各种各样参数的缓慢变化，往往也会引起与相变十分类似的突变。我们看一个“几何”相变的例子。

用尺寸相同的绝缘球和导电球堆成一个立体。如果导电球在总球数中所占的比例 P 太小，一定不会出现完全的通路。如果所有的球都是导电球，$P=1$，整个立体当然是一个导体。在 P 从 0 增加到 1 的过程中，完全的通路是突然出现的。由于导电球杂乱无规地掺在绝缘球中间，每个 P 对应一定的连通概率。实际制备大量样品去测量连通概率是很笨的办法。这个实验可以容易地在现代电子计算机上实现，所得曲线画在图 3.20 中。当 P 很小时，连通概率等于 0。P 达到临界值 P_c 时，连通概率迅速上升，接近和达到 1。这条上升曲线很像铁磁相变中平均磁化强度随温度的变化，可以仿照那里在 P_c 附近写成：

$$连通概率 \propto (P-P_c)^{\beta}$$

式中 P 从大于 P_c 的值接近 P_c。三维情形下，“临界指数”$\beta=0.4\sim0.5$。又和普通的相变很像，P_c 的值依赖于球的堆砌方式，而 β 值看来只和空间的维数有关。三维空间中有两种密堆砌：立方体的八个顶点和六个面的中心各有一个球，这叫做“面心立方”堆砌；另一种密堆砌具有六角对称。两种密堆砌下，每个球都和 12 个最近邻相切。面心立方堆砌时，$P_c \cong 0.1965$。

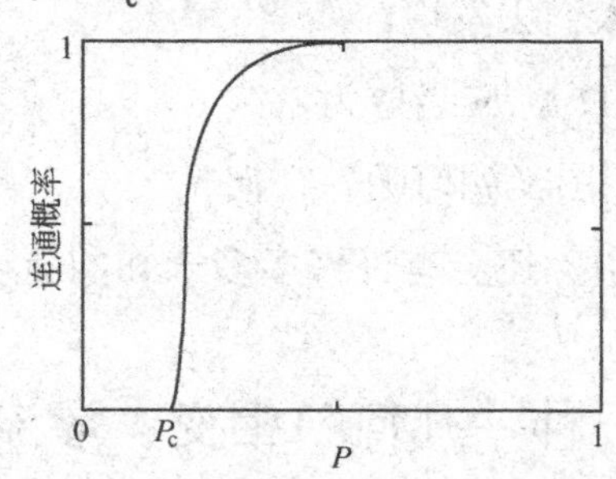

图 3.20 渗流问题的连通概率

在 P_c 附近也有一些“发散”的量。指定一个导电球，计算一下和它有通道相连的导电球的平均距离。这个距离也可以看做互相连接着的导电球“团簇”的平均尺寸，记作 ξ。ξ 是 P 的函数。当 P 很小时，ξ 也不大；P 接近 P_c 时，ξ 迅速上升。当 $P>P_c$，计算 ξ 时把完全连通起来的"无穷大"团簇扣除掉，剩下的有限团簇自然越来越小。$\xi(P)$的变化示于图 3.21 中。$\xi(P)$在P_c附近的发散，可以表示成

$$\xi(P) \propto |P-P_c|^{-\nu}$$

对于三维情形，ν的数值大体在 0.8 和 0.9 之间。

导电球和绝缘球排成的一维链是简单而特殊的情形：只要有一个绝缘球存在，链的两端就不可能导通。只有百分之百地由导电球组成的链，也就是$P=1$，才能够导电。我们将在第八章中看到，一维情形下，通常没有相变。

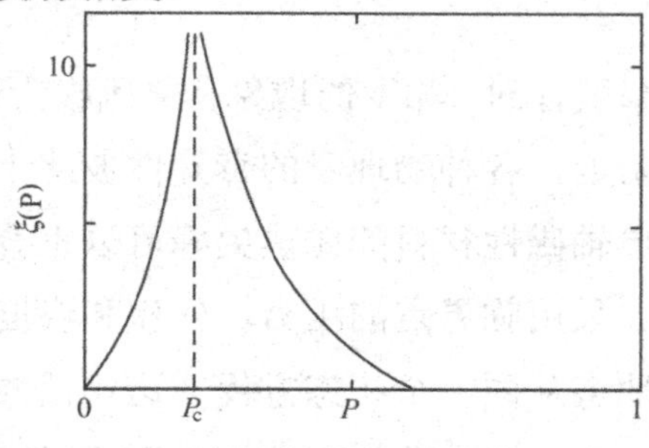

图 3.21　导电球团簇的平均尺寸

上面这个几何堆砌的例子，与一类更为实际的问题有密切的联系。这就是渗流问题。在多孔岩石中的流体，例如石油，可能处于聚集和弥散两种状态之一。这依赖于岩石孔隙的发达程度。两种状态之间的转变，是突然发生的。

*　*　*

还有许许多多的相变现象，我们根本没有提到。例如铁电和反铁电相变（与磁相变类似），金属—绝缘体转变，以及很强的外电场、外磁场中的相变等等。我们只希望读者从这一章中看到，相变确实是普遍存在于自然界中的现象。相变的具体机制可能多种多样，从纯经典的相互作用，到宏观的量子效应。在以后各章中将看到，各种相变的相似之处，远远超过它们之间的差异。相变理论的任务，正在于透过个性，抓住共性，概括和说明那些最普遍、最本质的事情。

第四章 平均场理论

我们在上一章里看到，相变的现象和原因极为错综复杂。然而，在不同的相变点附近，各种物理量的奇异性彼此十分相似。只要恰当选择比例尺，单轴磁性材料的比热尖峰可以重叠在气液相变临界点的比热曲线上。采用临界点的压力、体积和温度作单位之后，各种气体都相当好地遵从同一个状态方程（这句话的普遍性超过范德瓦耳斯方程本身，因为即使范德瓦耳斯方程不适用，相变点附近的普适性仍然存在）。

现象的共性要求建立普遍的理论。长期以来，人们用“平均场理论”来描述连续相变。我们在第三章里多次看到，这个理论的基本出发点是用一个“平均了的场”，即“内场”来代替其他粒子对某个特定粒子的作用，从而把复杂的多体问题近似地化为单体问题。直到 20 世纪 60 年代前期，人们都觉得这个理论不错。但后来，精密的测量发现，在大多数情况下，这个理论的预言与实验不符。虽然如此，平均场理论的图像很直观，而且是更精确的理论的“零级近似”，我们在这一章中比较系统地介绍它，作为更深入讨论的基础。

相变的分类

量子论的创建者普朗克曾经说过，一个好的分类已经是一种重要知识。首先对相变现象进行系统分类的是厄伦菲斯。这位厄伦菲斯曾经对物理教育和统计物理的基础做过杰出的贡献。然而，和他的老师玻耳兹曼的命运相像，厄伦菲斯在法西斯猖獗时期自杀。

厄伦菲斯的分类标志是热力学势及其导数的连续性。第一章里已经介绍过，自由能、内能都是热力学函数。它们的第一阶导数是压力（或体积）、熵（或温度）、平均磁化强度等，而第二阶导数给出压缩率、膨胀率、比热、磁化率……热力学势也是一种热力学函数，后面再准确定义。

凡是热力学势本身连续，而第一阶导数不连续的状态突变，称为第一类相变。第一阶导数不连续，表示相变伴随着明显的体积变化和热量的吸放（潜热）。普通的气液相变和在外磁场中的超导转变，都是一类相变的实例。

热力学势和它的第一阶导数连续变化，而第二阶导数不连续的情形，称为第二类相变。这时没有体积变化和潜热，但比热、压缩率、磁化率等物理量随温度的变化曲线上出现跃变或无穷的尖峰。超流（λ 点）和没有外磁场的超导转变、气液临界点，以及大量磁相变，属于二类相变。

以上分类可以推而广之：凡是第 $K-1$ 阶以内导数连续，而第 K 阶导数出现不连续的相变，称为第 K 类相变。厄伦菲斯的这个详细分类不大必要，因为除了第九章要介绍的特殊二维体系以外，自然界中只看到了第一、二类（包括临界点）相变。理想玻色气体的玻色-爱因斯坦凝聚，理论上是第三类相变。现实的玻色系统，如 ^{4}He，仍表现为二类相变。习惯上把二类以上的高阶相变，通称为连续相变或临界现象。我们以后只区分一类相变和连续相变，并且以连续相变为讨论重点，交替使用“连续相变”和“临界现象”这两个词，有时就简称为相变。

从热力学函数的性质看，一类相变点不是奇异点，它只是对应两个相的函数的交点。交点两侧每个相都可能存在，通常能量较低的那个得以实现。这是出现“过冷”或“过热”的亚稳态以及两相共存的原因。二类相变则对应热力学函数的奇异点，它的奇异性质目前并不完全清楚。在相变点每侧只有一个相能够存在，因此不容许过冷、过热和两相共存。

图4.1给出两类相变热力学函数的示意，其中纵轴是热力学势Γ，它与第一章中见过的自由能F的关系是

$$\Gamma=F+PV$$

它是以P，T为自变量的热力学函数。为简单起见，图中只画出了温度变量。事实上热力学函数并不能在一类相变点的另一侧无限延伸下去。它在亚稳区的边界线上结束（参看图2.9）。第二章末尾曾提到，关于亚稳边界线的奇异质，我们目前所知甚少。

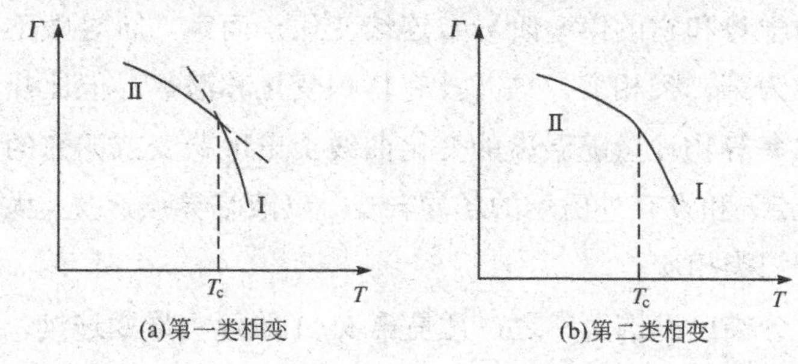

图4.1　热力学势示意图

被多次“发明”的理论

在科学发展史上，同一个客观规律，以不同的形式，在不同的时间、地点，被不同的科学家重新发现的例子是屡见不鲜的。连续相变的平均场理论就是一个例子。造成多次“发明”的原因，有的是由于交流不够，相互重复地发现；有的是由于认识的逐步深化，开始以为是不同的东西，逐渐揭示出共同的本质。相变的情形基本上属于后者。简单地回顾这个过程是有启发的。

1873年范德瓦耳斯提出的气液状态方程实际上是最早的平均场

超流
液晶
看！
平均场近似
1934
气液状态方程
1873
超导微观理论
1957
布拉格
分子场理论
1907
巴丁
范德瓦耳斯
外斯

被多次“发明”的理论

理论。1907 年外斯参照范德瓦耳斯方程提出了解释铁磁相变的“分子场理论”。1934 年，布拉格和威廉姆斯在研究合金有序化时，也是受到气液和铁磁相变的启发，采用了平均场近似。

1937 年朗道概括了这些平均场理论的精神，提出了一种很普遍的表述，我们下面就要介绍。在这以后，并没有停止给平均场理论以新的“命名”。超导的金兹堡-朗道理论，超流的格罗斯-皮达耶夫斯基理论，液晶的朗道-德让理论，等等，实质上都是平均场理论，表述形式稍有不同而已。1957 年巴丁-库柏-施里弗提出的超导微观理论，也是平均场思想的一个光辉发展。

有趣的是，朗道这位对相变理论做出过卓越贡献的物理学家，自己也没有指出气液临界点是一个典型的二类相变点，没有说明范德瓦耳斯方程对临界点的描述与他自己提出的平均场理论完全一致，因而在他所著的教科书中将这两者分别叙述。在他身后发行的新版中，才由他的学生们指出了这两者之间的联系。这一小段插曲正好说明了认识深化的过程。

为了比较深入地了解平均场理论，需要先说明一些概念，其中最重要的是第三章中已经提到的“序参量”。

序　参　量

前一章中介绍了形形色色的相变。什么是它们的共同特征？

首先是有序程度的改变及与之伴随的对称性质的变化。通常，低温相对称性较低，有序度较高，高温相对称性较高，而有序度较低。高温相对称性较高，但并不一定是无序的。许多相变都是从一种有序到另一种有序的变化。

以各向同性的铁磁体为例。在高温顺磁相，微观磁矩的平均值为零，即

$$\langle \boldsymbol{S} \rangle = 0$$

一切方向都是等价的。在低温铁磁相，微观磁矩的平均值不再是零，这就是自发磁化强度 $\boldsymbol{M}$

$$\boldsymbol{M} = \langle \boldsymbol{S} \rangle \neq 0$$

它选出了特定的空间方向，因而破坏了各向同性。

一个非零的自发磁化 $\boldsymbol{M}$ 标志着新的磁有序，它的大小表示有序的程度，所以把它称为“序参量”。在相变点 T_c 以上，序参量为零；在相变点以下，序参量不是零。所谓连续相变是指 $T=T_c$ 时序参量连续地从零变到非零值的相变。序参量反映体系的内部状态，只要它具有无穷小的非零值，就意味着对称性质发生改变，出现了有序。对某些一类相变，也可定义序参量，但它在 T_c 处从零一下子跃变到一个有限的非零值（图 4.2（a））。

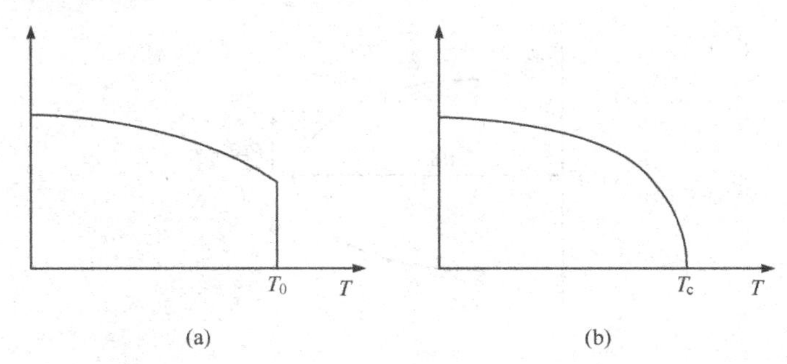

图 4.2　序参量的变化示意

对于单轴各向异性的铁磁体，自发磁化只能沿一个晶轴的方向，或者向上，或者向下。在居里点以上没有自发磁化，上和下两个方向是等价的；居里点以下这两个方向就不等价了。这是一种对称的“破缺”。这里的序参量——自发磁化 M 是一个普通的数（或叫标量），正号对应磁矩向上，负号对应磁矩向下。有时，人们也把磁矩向上和向下两种状态称作两个“相”（请再看一次图 3.1）。

什么是描写气液临界点的序参量，这里破坏的是什么对称呢？看起来不那么显然。从第二章的描述知道，在临界点以上分不出气体和液体，也就是气↔液是对称的。到了临界点以下，就可以分出气体和液体，因而就破坏了这种对称。因此，可以把两相的密度差$\rho_{液}-\rho_{气}$作为序参量。在逼近临界点时，它的值连续地趋近于零（图4.3）。与图3.1比较，可再次看到气液临界点与单轴铁磁体的类比。值得强调的是，这种类比不是指气体对应顺磁相，液体对应铁磁相。与顺磁状态对应的是气液不分的状态，与磁矩向下和向上的铁磁态分别对应的才是液态和气态。

但是，气液临界点和铁磁相变有一点差别。气液两相可以共存，图4.3中序参量曲线所包围的区域是两相共存区。与此相反，如果不考虑样品的宏观效应所导致的“磁畴”时，磁矩只能取向上或向下两个状态之一，图3.1中序参量曲线所包围的部分不对应稳定的物理状态。

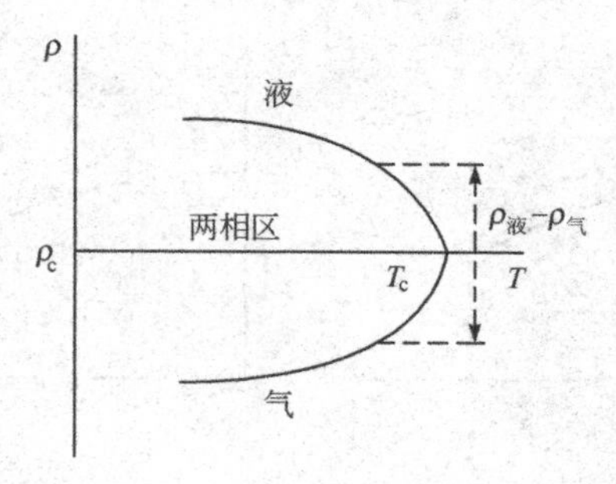

图4.3　气液临界点的序参量

对于超导和超流转变，序参量的含义不那么直观。在第三章中曾讲过，这两种现象是宏观范围内表现出来的量子效应。让我们用“宏观波函数”ψ来描述它们。对于空间均匀的情形，ψ是一个复数。这就是超导体中的“能隙”参量（习惯用Δ表示），因为激发一个电子或“空穴”所需的能量要大于Δ的绝对值。在超导-正常转变点，能隙Δ趋于零。因此，“宏观波函数”ψ（或Δ）就是序参量，可以写成

$$\psi=\psi_0 e^{i\varphi}$$

ψ_0是复数ψ的模，φ是相角。在表示序参量的复数平面（图4.4）

上，ψ_0是矢量长度，φ是矢量与坐标轴的夹角。在正常态，矢量长度ψ_0为零，各个方向等价。这是在抽象的序参量平面上，绕原点转动的对称（通常称为U（1）规范对称）。发生超导（或超流）转变后，ψ_0不再是零，特定的相位φ破坏了原来满足的转动对称。复数ψ用模ψ_0和相角φ两个实数表示，也可以用它的实部和虚部两个实数表示。因此，在超导和超流情形有两个独立的序参量，或者说序参量内部自由度的数目$n=2$。

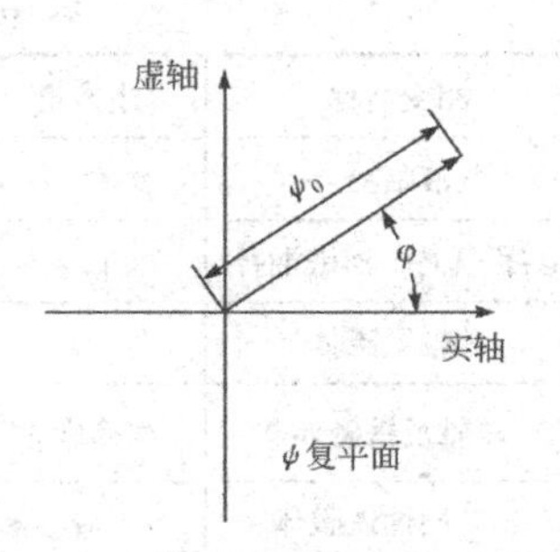

图 4.4　超流和超导的序参量

我们看到，序参量的结构和含义可以很不相同。对于单轴铁磁或反铁磁体，气液临界点，序参量是标量，内部自由度的数目$n=1$。合金的有序-无序相变，两种液体的混合等也属于这种情形。超导和超流，以及在平面上各向同性的铁磁体（$X-Y$模型）属于$n=2$的情形。本节开头讲的三维空间各向同性的铁磁体（海森堡模型），有三个独立的序参量$n=3$。“向列型”液晶的序参量也是一个三维矢量，但它的正反方向是等价的。有一些体系，其序参量更不寻常，如高分子溶液对应$n=0$的情形，有的系统要用$n\to\infty$的极限来描写，^{3}He超流状态的序参量比较复杂。

总之，找出连续相变中的序参量，研究它的变化规律，是相变理论的首要任务。虽然序参量的结构很不一样，但在临界点上其绝对值连续地趋于零这一点是共同的。

序参量通常可以和一定的外场耦合。这些场称为“对偶场”。序参量和对偶场是一对热力学共轭变量（见第三章第一节）。对偶场往往可以从外部控制。对偶场为零时，序参量在临界点自发出现，使对称破缺。表 4.1 列举了几种物理系统的序参量、对偶场、破缺的对称和恢复对称的模式。最后一点我们在“对称的破缺和恢复”一节中还要解释。

表 4.1 几种连续相变的类比

相变名称	序参量	对偶场	破缺的对称	恢复对称的模式
气液临界点	$\rho_{液}-\rho_{气}$	压力 P	反射	声波
有序-无序、溶液混合	$\rho_1-\rho_2$	化学势 μ	反射	声波
单轴铁磁体	M	H	$M \leftrightarrow -M$	自旋波
单轴反铁磁体	次晶格 M	交错场 H	次晶格 $M \leftrightarrow -M$	自旋波
各向同性铁磁体	$\boldsymbol{M}$	$\boldsymbol{H}$	三维转动群	自旋波
铁电体	$\boldsymbol{P}$	$\boldsymbol{E}$	晶体对称群	软模
超导	能隙 Δ	无经典对应	U（1）规范群	集体激发
超流	波函数 ϕ	无经典对应	U（1）规范群	集体激发

应当指出，并不是一切序参量和对偶场都是宏观可测的物理量。例如，反铁磁体的序参量是一个次晶格，而不是整个晶格的平均磁化强度，它可以用磁共振的办法测量。相应的对偶场是在两套次晶格上取相反方向的“交错场”，根本无法用宏观的办法在实验室中实现。

序参量的结构怎样，T_c 的数值如何，这都是特殊性的问题，必须针对具体的物理系统认真分析计算。这里要根据需要来动用经典或量子物理，没有捷径可循。一旦找到了在临界点连续趋于零的序参量，以后的描述就是普遍的了。这是下一节要介绍的内容。

朗道理论

1937 年朗道提出的平均场理论是非常普遍的。只是为了叙述的方便，我们仍用单轴铁磁体作例子。对于只具有一个序参量的任何体系，下面的讨论完全适用。对于有多个序参量的情形，只要稍作修改。

根据上一节的介绍，连续相变的主要特征是序参量在相变点连续地从零变到非零值。在 T_c 附近，序参量是一个小量。假定热力学

势可以在相变点附近展开

$$\Gamma(M)=\Gamma_0(T)+\frac{1}{2}a(T)\ M^2+\frac{1}{4}b(T)\ M^4+\cdots$$

这里 $\Gamma_0(T)$ 是平均磁矩等于零时的热力学势。展开中没有奇次项，因为体系对于 M 和 $-M$ 是对称的。$a(T)$ 和 $b(T)$ 是展开系数，与温度有关。

先讨论一个简单的机械类比。假设有一个小球，处于抛物线型的位阱中（图 4.5）。阱底是一个稳定平衡位置，小球即使偏离了，也会返回。相反，如果抛物线倒过来，顶点虽然还是平衡位置，但变得不稳定了，只要小球稍稍偏离一点，就立刻滚远。对于平底位阱，球放在哪里都可以，这叫随遇平衡。如果位势是双阱型的，中间的顶点是不稳定的，而两个阱底中的每一个都是稳定的。

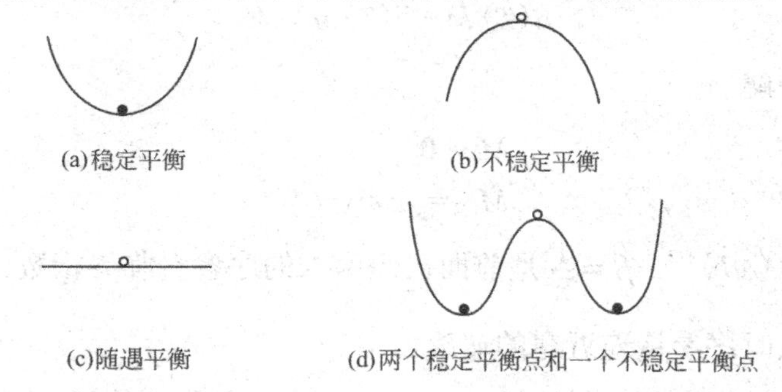

图 4.5 机械平衡示意

热力学势也是一种位势。以 M 作自变量，函数的形状与 $a(T)$，$b(T)$ 两个系数有关。假定 $b(T)$ 是正数。如果 $a(T)>0$，则 $M=0$ 是稳定平衡点；但若 $a(T)<0$，$M=0$ 就变成不稳定的了。为了说明在高温相 M 的平衡值为零，而在低温相不为零，很自然的假定是

$$a(T)=a(T-T_c)/T_c\equiv at\quad a>0$$

和

$$b(T)=b=\text{常数}>0$$

这里 t 是在第三章中引入的相对温度。我们这样写，实际上假定了

$a(T)$，$b(T)$可以对温度展开，但只取了第一项。

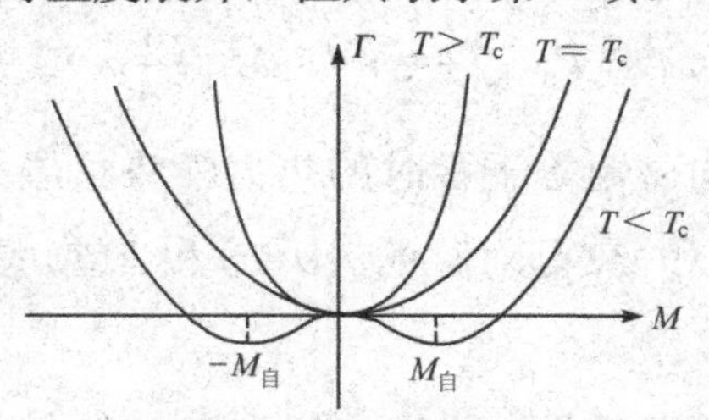

图 4.6　不同温度时的热力学势

不同温度下热力学势的曲线绘于图 4.6 中。平均磁矩 M 的平衡值根据热力学势极小的条件来确定。取微商

$$\frac{\partial \Gamma}{\partial M}=0$$

由方程

$$a(T)M+b(T)M^3=0$$

得出三个解

$$M_0=0$$
$$M_{1,2}=\pm m(-t)^{\beta}$$

其中 $m\equiv(a/b)^{1/2}$，$\beta=\frac{1}{2}$是前面已经引入的序参量临界指数，描述接近相变点时序参量逼近零的速度。

与机械平衡的例子比较，$T>T_c$时 $M_0=0$ 是稳定的解，它在 $T=T_c$ 时开始变得不稳定，原来是虚数的两个解 $M_{1,2}$ 变成了实数，对应稳定的解。实际体系究竟处于哪一个极小值，由偶然的因素决定。极小值的位置$\pm M_{自}$就是平衡态的自发磁化强度。

与自发磁化强度 M 对偶的热力学变量是磁场

$$H=\frac{\partial \Gamma}{\partial M}=atM+bM^3$$

在对应相变点的等温线（即 $T=T_c$ 或 $t=0$）上，

$$H=bM^{\delta}\qquad \delta=3$$

这里引入了另一个临界指数δ，它描述临界点上平均磁矩随外场的变化规律。

实验上测量的磁化率是磁矩对外磁场的导数

$$\chi=\left(\frac{\partial M}{\partial H}\right)_T=\left(\frac{\partial H}{\partial M}\right)_T^{-1}$$

利用上面的 H 表达式求导数，再用相变点上、下的 $M(T)$ 表达式代入，可以求出

$$\chi\infty\left|t\right|^{-\gamma}$$

这里 $|t|$ 指 t 的绝对值。在平均场理论中，磁化率的临界指数 $\gamma=1$，也就是在趋近临界点时按双曲规律发散。

利用平均场理论还可以算出，在相变点上比热有一个跃变，其数量

$$c(T\to T_{c^-})-c(T\to T_{c+})\propto\frac{a^2}{b}$$

这里 $T_{c\pm}$ 分别表示从临界点上、下逼近它。比热变化曲线示意地绘于图 4.7 中。

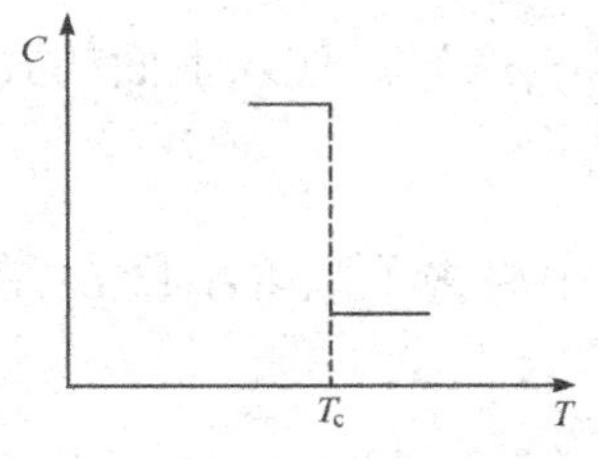

图 4.7 平均场理论中的比热跃变示意图

通常，比热的奇异性用临界指数 α 描述，即

$$c\propto\left|t\right|^{-\alpha}+\text{非奇异部分}$$

考虑到数学等式

$$\lim_{\alpha\to0}\frac{t^{-\alpha}-1}{\alpha}=-\ln t$$

可以把比热的对数奇异性算作 $\alpha=0$ 的情形。按平均场理论，比热没有趋向无穷的发散，只发生有限的跃变，也是 $\alpha=0$。为了避免混淆，以后分别用“对数奇异”和“有限跃变”来区分这两种 $\alpha=0$ 的情形。

细心的读者可能会发现，这里介绍的平均场理论是“凑”出来的，主要的结论实际上已包含在假定之中。这话也对也不对。概括大量的实验事实，归结成少数的基本假定，是一切唯象（或宏观）理论的共同特点。平均场理论就是这种唯象理论。它的基本假定有两条：一是热力学势在相变点附近是序参量的解析函数，可以写出

前面的展开式；二是展开系数 $a(T)$ 在 T_c 点变号，而 $b(T)$ 是正的。有了这两条假定，就可以推出一系列结论，与实验直接比较。

本章第二小节提到，许多不同领域中提出的平均场理论，形式虽很不同，但实质却一样，主要表现在临界点附近的行为相同，临界指数的数值彼此相等。以范德瓦耳斯的气液状态方程为例，我们在第二章中已经得到了一个约化的式子

$$\left(p'+\frac{3}{v'^2}\right)(3v'-1)=8t'$$

在临界点附近

$$p'=1+p \quad t'=1+t \quad \frac{1}{v'}=1+\Delta\rho$$

这里 p，t，$\Delta\rho$ 是相对于临界压力、温度、密度的偏离，都是一些小量。压力 p 对应于磁场 H，密度差 $\Delta\rho$ 对应于序参量（确切些说是 $\rho_{液}-\rho_{气}$）。代入上面的式子后求出

$$p=4t+4t\Delta\rho+\frac{3}{2}(\Delta\rho)^3$$

其中略去了高阶小量 p_ρ.在等温线 $t=0$ 上

$$p=\frac{3}{2}(\Delta\rho)^\delta \quad \delta=3$$

与朗道理论的结果一样。压缩率

$$K \quad \propto\left(\frac{\partial\rho}{\partial p}\right)_T \quad \propto|t|^{-\gamma} \qquad \gamma=1$$

也是双曲发散的。与铁磁情形的差别在于液态和气态不完全对称，要借助前面第二章提到的麦克斯韦规则来求气液共存时的两相密度差，其结果是

$$\rho_{液}-\rho_{气} \quad \propto(-t)^{1/2}$$

就是说，临界指数 β 还是 1/2。同样，可以求出比热在临界点上的跃变。

用完全类似的办法，可以证明外斯的“分子场理论”、布拉格-威廉姆斯的合金有序化等理论与朗道理论的等价性。我们不在这里赘述。

涨落和关联

第二章中提到的“临界乳光”现象在本世纪初曾引起许多实验物理学家很大的兴趣。如果在透明的容器中装入接近临界密度ρ_c的气体，温度降到临界点附近时，散射光的强度和颜色会发生引人注目的变化。开始时，光束逐渐散开。在相对温度t达到百分之几的范围时，整个样品发亮，呈蓝色。进一步逼近临界点，向前散射的光突然增强，向四周散射的光减弱，颜色又转白。这是“乳光”这一名称的由来。

当时从事布朗运动研究的爱因斯坦和斯莫鲁霍夫斯基对此现象提出了一种解释。他们认为，光的折射率与气体的密度有关，在临界点附近，密度涨落大，使散射增强。由于不均匀性对光的散射（“瑞利散射”）与波长λ的四次方成反比，散射光中短波部分比重大，显出蓝色。

可是，奥尔恩斯坦和则尔尼克提出了不同的看法。他们认为，临界点附近不同点的涨落不是相互独立的，彼此有关联。他们第一次提出了一个重要的概念：即使分子间是短程作用力，也可能出现长程的关联。这个重要的概念后来被越来越多的实验所证实。气液临界点和二元液体混合临界点上都观察到可见的临界乳光。不透明介质的临界点（如合金的有序—无序相变，铁磁转变等）上发现 X 射线及中子散射的反常增大，其规律与临界乳光一样。

朗道的平均场理论原来不考虑涨落效应。能不能“修改”一下这个理论，哪怕是部分地考虑这一效应。存在空间涨落时，磁化强度M与空间位置有关，它是微观磁矩的统计平均值

$$M(\boldsymbol{r})=\langle S(\boldsymbol{r})\rangle$$

磁矩之间的关联表现为乘积的平均值不等于平均值的乘积

$$\langle S(\boldsymbol{r})\ S(0)\ \rangle \neq \langle S(\boldsymbol{r})\ \rangle \langle S(0)\ \rangle$$

这两者的差别就称为关联函数

$$G(\boldsymbol{r}) = \langle S(\boldsymbol{r})\ S(0)\ \rangle - \langle S(\boldsymbol{r})\ \rangle \langle S(0)\ \rangle$$

这个函数的数值越大表示关联越强。如果在平均场理论的热力学势中加上与不均匀程度$\left(\frac{dM}{dr}\right)^2$成比例的项，就可以算出这个关联函数。在三维情形下

$$G\ (\boldsymbol{r}) \propto \frac{1}{r} e^{-r/\xi(t)}$$

这里 ξ （t）是关联长度，它随温度的变化是

$$\xi\ (t) = \xi_0 |t|^{-\nu} \quad \nu = \frac{1}{2}$$

我们看到，磁矩的关联函数是按指数规律衰减的，衰减的特征长度是 ξ，就是说每增大一个 ξ 的距离，关联函数就衰减 e 倍。在临界点附近 $|t| \to 0$，关联长度就趋向无穷，ν 是描述这一发散的临界指数。我们将看到，临界点的许多特性都与关联长度的发散密切相关。

首先，有一个简单的关系式。磁化率 χ 比例于关联函数在全空间的积分

$$\chi \propto \int \mathrm{d}\boldsymbol{r} G(r) \propto \xi^2(t) \propto |t|^{-2\nu}$$

因此，磁化率的发散是由于关联长度趋向无穷引起的。与前面磁化率临界指数 γ 的定义比较，得到关系式

$$\gamma = 2\nu = 1$$

这里平均场理论的结果，一般情况下要稍微复杂一些。

其次，我们观察一个小体积 V 范围内的磁矩涨落，它等于

$$(\Delta M)^2 \propto N(V) \int \mathrm{d}\boldsymbol{r} G(r) \propto N(V) \xi^2(t)$$

这里 N（V）是体积 V 中磁矩的平均数目。由于在临界点附近关联长度趋向无穷，涨落也反常地增大。

最后，我们再回到光散射（或中子散射）的实验。一束波矢为 $\boldsymbol{K}_i$ 的入射光，经过散射后变成波矢为 $\boldsymbol{K}_f$ 的散射光。$\boldsymbol{K}_i$ 和 $\boldsymbol{K}_f$ 只是方向

不同，长度都是 $1/\lambda$（图 4.8）。散射强度比例于因子 $I(K)$

$$I(K)\propto\int \mathrm{d}r e^{i\boldsymbol{K}\cdot r}G(r)=(K^2+\kappa^2(t))^{-1}$$

这里 K 是散射光和入射光波矢之差

$$K=|\boldsymbol{K}_f-\boldsymbol{K}_i|=\frac{2}{\lambda}\sin\frac{\theta}{2}$$

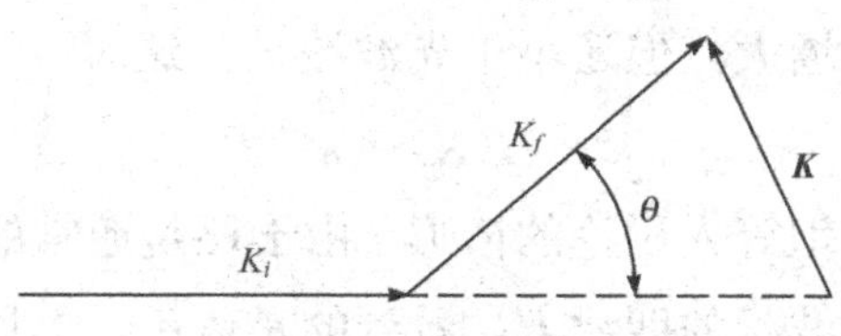

图 4.8　入射光和散射光的波矢

θ 是散射角，而

$$\kappa(t)=\xi(t)^{-1}\propto|t|^{\nu}$$

是关联长度的倒数。

在散射强度倒数的图（图 4.9）上，不同的温度对应不同的直线。逼近临界点时，纵轴的截距趋于零，

$$I(K)\propto K^{-2}$$

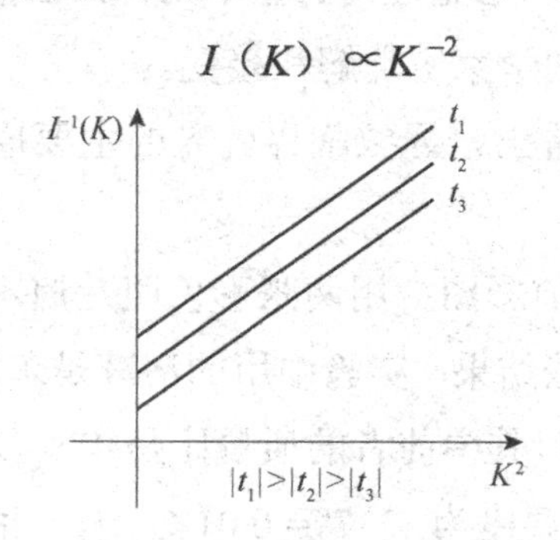

图 4.9　散射强度倒数随波矢的变化

当散射角 θ 为零，即“向前散射”时，$K=0$，$I(K)\to\infty$，也就是向前散射反常增大。

一般情况下，散射强度 $I(K)$（更确切些应叫“结构因子”），也就是关联函数的傅里叶变换，在临界点上可写成

$$I(K)\propto K^{-2+\eta}$$

η 是另一个临界指数，平均场理论中 $I(K) \propto K^{-2}$，所以 $\eta = 0$。

现在我们可以比较具体地分析与临界乳光有关的现象了。在临界点附近，由于粒子间的关联，相对散射强度正比于 $I(K)$。开始接近临界点时，$\kappa(t)$ 已经比通常情况小，但还比 K^2 项大。也就是说，关联长度已开始增大，但还小于光波波长。这时

$$I(K) \propto \kappa^{-2}(t)$$

大体上是爱因斯坦等人讨论的情形。由于还是通常的瑞利散射机制，散射强度反比于波长的四次方，看到的是蓝色。更加逼近临界点时，$\kappa^2(t) \to 0$，K^2 项开始起作用。由于

$$K = \frac{2}{\lambda}\sin\frac{\theta}{2}$$

散射光不再均匀分布，而集中在向前方向。K^2 中的 λ^{-2} 因子与瑞利散射强度分母上的因子 λ^4 部分相消，使总的散射强度反比于波长的平方。既然对波长的依赖关系比原来减弱，看到的大体上是白光。这就是奥尔恩斯坦-则尔尼克理论的基本精神，虽然这一理论在 20 世纪初并未被多数物理学家所理解和接受。

从以上的分析看出，导致临界乳光的主要原因还是关联长度的发散。

图 4.10（见文前彩图）用两张彩色照片演示了用现代激光技术观察临界乳光的一些结果。实验中用的溶液是苯胺（$C_6H_5NH_2$）与环乙烷 C_6H_{12} 的混合液，其中前者的质量比是 47%。临界温度 $T_c = 30$℃。图 4.10（a）对应的温度为 $T - T_c = 0.01$K，有一束激光从试管背面射来（垂直于照片）。红点对应小角度散射的光，亮点的大小与涨落的尺度有关。图 4.10（b）是散射光在垂直于光束的平面上的投影。散射光对称，表明涨落也是对称的。根据简单的衍射关系，可以算出涨落的平均尺寸——关联长度：$\xi \propto \lambda/\theta$，$\lambda$ 是波长，θ 是散射角。图中明亮部分对应相干区域的散射。这是瞬时的照片。不同时刻的照片将反映涨落随时间的演化，亮区和黑斑的分布会不断改变。

上一节中我们介绍了平均场理论的朗道表述，这一节又讨论了

如何在平均场理论的框架内考虑涨落和关联的效应。概括一下这两节的内容。各种名目的平均场理论中有六个临界指数，它们的数值都是一样的。

$$\alpha=0 \qquad \beta=1/2 \qquad \gamma=1$$

$$\delta=3 \qquad \nu=1/2 \qquad \eta=0$$

这些临界指数可以用实验测量，在一些模型中还可以精确算出来。因此，平均场理论对不对，是可以检验的。

对称的破缺和恢复

连续相变没有体积的变化和潜热，说明不需要消耗有限的能量。同时，连续相变中序参量的变化也是连续的。可是，相变是一种突变。什么物理性质能在无穷小的参数变化下发生突变呢？让我们先看一个简单的例子。

设想一个正方形（图 4.11（a）），它有一个垂直于画面的四度对称轴，可以绕这个轴转 π/2，π 和 3π/2 角，正方形仍与原来的图形重合。它还有若干二度对称轴、反射对称面和对称中心等。如果取一个一般位置上的点，则这个点在对称变换下有八种等价的位置。我们说，正方形有八个对称元素或对称操作，在图 4.11（a）中用八个黑点表示。沿正方形的一个边发生无穷小的形变，立即使它成为长方形，对称元素同时减少到四个（图 4.11（b））。

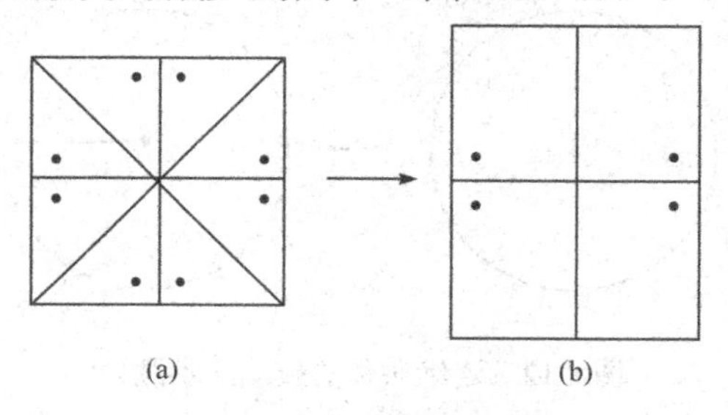

图 4.11 对称元素的突然消失

同样，一个立方晶格有 48 个点对称操作。如果在降温过程中有一个方向的收缩率变得与其他两个方向不同，无穷小的形变就突然使它成为四方晶格，只剩下 16 个对称操作。

对称性质的突然降低，称为对称的破缺。物理系统只能具有或不具有某种对称性质。“有”与“无”之间只有突变，没有渐变，但突变可由某个参数的渐变引起。物理参数的无穷小变化引起对称的破缺，这是连续相变的本质。前面已经提到，通常低温相是具有低对称的更有序的相，高温相是具有高对称的较无序的相。

破缺的对称可以是离散的，如前面的正方形和立方体两例，还有单轴铁磁体、气液临界点、合金有序—无序相变等。破缺的对称也可以是连续的，如超导、超流和平面各向同性铁磁体这些 $n=2$ 的例子。相变前从 0 到 2π 的各个角度都等价，无穷多种转动方式把不同的方向联系起来，可用一个圆周形象地表示（见图 4.12）。然而，一旦发生相变，序参量取一个特定方向，圆周上就只剩下一个点，一下子失去无穷多个元素。各向同性的铁磁体中，在相变前具有三维空间的全部旋转对称；相变后自发磁化 $\boldsymbol{M}$ 选择了一个特定的方向，也立刻失去无穷多个对称元素。

从高温高对称相到低温低对称相的转变必须通过某种破坏对称的运动来实现。微观粒子处在不停的运动中，它们的运动，可以分成各种方式（或模式）。如果各种运动模式同样地激发，不会破坏对称性。在正方形的例子中，如果水平和垂直方向的运动同样激发，

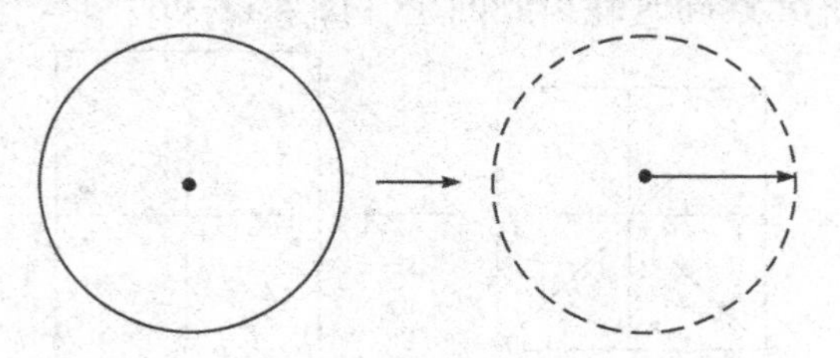

图 4.12　连续对称的破缺（示意）

不会破坏正方对称。但如果垂直方向的模式比水平方向的模式激发高得多就可能把正方形伸长，正方对称就降为长方对称了。

这种特别容易激发的模式（说得准确一点是本征频率趋于零的模式）叫做“软模”。玩过乐器的人都知道，弦拉得越紧，声音越高，也就是本征频率越高。同样，弹簧越软，也就是恢复力越小，本征频率就越低。这就是“软模”这一名称的由来。软模这一概念最初是在研究晶体结构相变时引入的，我们这里在更广泛的意义上使用这一名词。

什么是软模呢？就是前一节中讨论的长波涨落。这种涨落的“本征频率”（或相应的能量）是

$$K^2+\kappa^2(t)$$

其中 K 是波矢，$\kappa(t)$ 是关联长度的倒数。由于 $T\to T_c$ 时，$\kappa(t)\to 0$，若波矢 K 也趋于零（即长波涨落），就构成软模。

在单轴铁磁体的情形，这个模式可以对应自旋向上或向下。如果两者同样激发，并不破坏对称。但如果向上的模偶然占了优势，就会激发更多向上的模式，产生软模的“凝聚”，从而出现自发磁化。在正方形的例子中，垂直运动软模的“凝聚”就会引起结构的变化。这是实际晶体中产生结构相变的一种十分简化的模型。

另一方面，只要有序相不处于绝对零度，就会有涨落，或叫破坏有序的“元激发”。破坏有序就是恢复高温的高对称。对于单轴铁磁体，就是要恢复上、下的对称。在 $T<T_c$ 时，这是很难实现的，因为两个极小值之间有一个极大值（见图 4.6），也叫位垒。必须消耗有限的能量，才能从一个位阱跳到另一个位阱。只有当 $T\to T_c$ 时，位垒的高度趋于零，长波涨落（就是软模）才能破坏有序，恢复对称。连续对称的破缺和恢复，与离散情形有类似之处，但也有很大区别。从高温无序相到低温有序相的转变需要某种软模的凝聚，这一点是共同的。低温相恢复对称的运动模式则颇为不同。

考虑二维磁矩（M_x，M_y）构成的系统，它的热力学势可以写成与单轴情形完全类似的形式，只不过要取

$$M^2=M^2_x+M^2_y$$

将图 4.6 中的热力学势曲线绕 Γ 轴转 180° 就可得出相应的热力学势

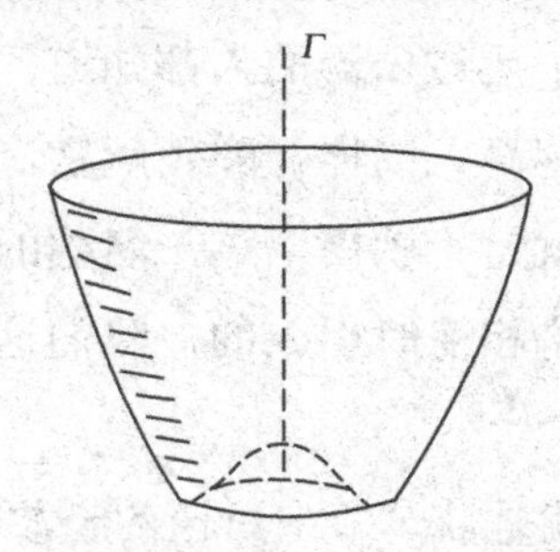

图 4.13　热力学势曲面像酒瓶底部，沿圆周一圈都达到最小值

曲面（图 4.13）。现在的极小值不再是两个点，而是整个圆周。产生自发磁化对应选择了圆周上的一个点。但是，圆周上各点的能量是一样的，从一点转到另一点并不需要克服位垒。这种运动模式的能量为零。在连续对称破缺时，一定会出现这种零能量的恢复对称的模式，叫做戈尔茨通模（在量子场论中叫戈尔茨通粒子）。这种模式与离散对称下的软模不同，它的本征频率不仅在临界点为零，而且在 $T<T_c$ 的整个温度区间也是零。一般说，这种运动模式与序参量正交（即垂直）。在各向同性的铁磁体中，这就是自旋波。考虑到，序参量是高温相破坏对称的软模凝聚的结果，也可以说，戈尔茨通模与高温相破坏对称的模互相垂直。图 4.14 中示意地绘出了破坏对称和恢复对称的模式。在高温无序相，各个方向等价。趋近临界点时，对应不同方向的运动模式都软化，都可能产生凝聚，这些模式在图 4.14（a）中用短箭头表示。实际的凝聚只可能在一个方向上发生，究竟在哪个方向，是由随机因素决定的。可是，一旦发生了，对称就被破坏，这个特殊的，对应序参量的方向用图 4.14（a）中的长箭头表示。有序相恢复对称的模式在图 4.14（b）中用沿圆周的箭头代表，说明它与序参量即高温相破坏对称的模式正交。

连续相变时比热有奇异性，说明它涉及大量的自由度；涨落很大，说明激发这些自由度只需要无穷小的能量。前面的分析告诉我们，在高温相，这些自由度就是破坏对称的元激发；在低温相，这

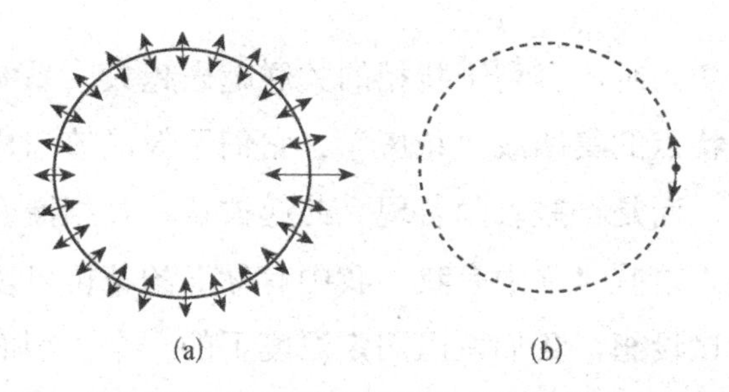

图 4.14 破坏对称（a）和恢复对称（b）的模式（示意）

些自由度就是恢复对称的元激发。虽然对于不同的体系，它们有很大的差别，但却有一个共同的特点，就是在临界点附近，它们必须“软化”，也就是说激发能趋于零。许多例子我们未能仔细讨论，但已经简单地列在表 4.1 中。

连续相变的物理图像

连续相变和一类相变的物理图像极为不同。

一类相变的图像比较直观：晶核从溶液中长大，水珠自蒸汽中凝出。少量新相在旧相中出现，而且有比较确定的位置和边界。只要条件合适，新相在与旧相的共存中长大。涨落对于新相的诞生是有意义的，但只要涨落中产生的新相超过一定的“中肯半径”，它就可以稳定地存在和成长。新相同样可以借助器壁、自由表面或界面等不均匀处，或从外界引入子晶，产生和发展起来。总之，两相共存提供了从旧相中长出新相的条件。

连续相变涉及某种对称性质的有无，只能通过突变发生，而不能像晶核那样从旧相中逐渐地长大。在各向同性的铁磁体中，当温度远高于居里点时，相邻两点间磁矩的方向关联很弱。温度降低时，磁相互作用逐渐和热运动抗衡。如果盯住一个磁矩观察，则它对邻近的磁矩有越来越大的影响，要求它们转到与自己平行的方向。但是，这种考虑适用于体系中任何一个磁矩，因此平均磁矩始终等于零，只是影响或关联的半径逐渐增大。

逼近相变点时，有利于新相的关联越来越大，系统中局部地出现具有新相特点的集团或“花斑”。它们不像晶核那样具有确定的位置和边界，而是一些若隐若现、此起彼伏、互相嵌套、跃跃欲变的涨落花斑。这些“你中有我，我中有你”的花斑可以在计算机模拟中看到。试设想，我们取出固定温度下的一个“剖面”，发现许多大大小小的区域（图 4.15），其中磁矩的排列基本有序。但相邻或相嵌区域中磁矩的取向仍是随机的。如果隔片刻时间再取一次“剖面”，则小区域的形状和取向可能完全改观，而大区域的形状和取向则似曾相识。一定温度下最大花斑的特征尺寸决定关联长度 ξ。温度接近 T_c 时，关联长度趋向无穷，于是某一种取向的花斑连成一片，占有优势，形成新相。整个系统的对称，也从各向同性降低到有一个特殊方向。至于新相的具体磁化方向，则是由理论中通常不能计入的偶然因素决定的。这就是对称的自发破缺。

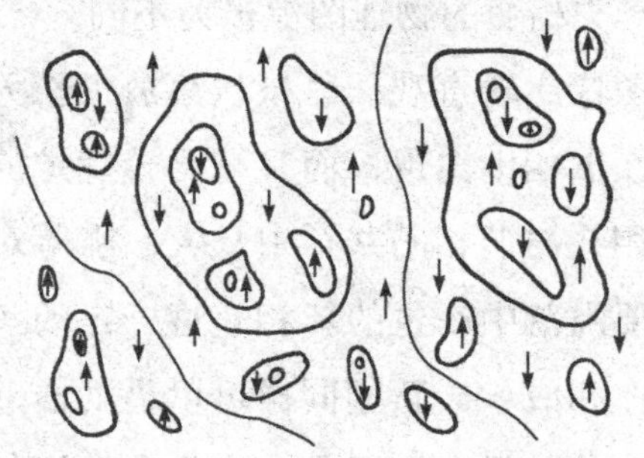

图 4.15　花斑示意图

这样我们看到，连续相变的图像从本质上讲是动态的。在大于晶格常数或原子尺度的范围，有大量各种尺寸的花斑或涨落存在，它们就是形成比热尖峰和导致光散射反常增强的物理自由度。同时，相变前后整个系统始终是宏观均匀的，不会出现两相共存的界面。花斑所造成的不均匀，要靠光和中子散射、超声吸收等“微观”手段才能反映出来。

第五章
简单而艰难的统计模型

我们已经几次提到，平均场理论并不是统计理论，而是从对热力学函数的一些合理假定得出的推论。人们的确有理由怀疑，用统计物理的原理和方法能不能描述相变现象。回答这种疑难的办法之一，是建立简单明确的物理模型，然后不采用任何数学近似，严格地推导出反映相变的种种行为。这个领域已经成为统计物理学中的专门篇章。它像是精巧的手工艺品，以美丽的数学技巧赢得人们的赞誉，用精确的物理结果丰富了对相变的认识。这是一条艰难而曲折的道路，我们在这一章里只能简短地回顾既往。“路漫漫其修远兮，吾将上下而求索”，有志于解决难题的人们，会在这里发现广阔的用武之地。

平衡态统计物理的三部曲

第一章末尾曾极为扼要地介绍了统计物理的一些基本观念。对于平衡态而言，统计物理的方法可以概括为三部曲。这组三部曲和普通概率论有密切关系，因此我们先看一下在概率论中怎样普遍地计算平均值。

设 x 是一个遵从某种统计分布的随机变量，我们可以计算各种平均值，如 $\langle x\rangle$ 、 $\langle x^2\rangle$ 、 $\langle x^3\rangle$ 等等。平均值 $\langle x^n\rangle$ 称为 x 的 n 次矩

$$m_n = \langle x^n \rangle$$

知道了各次矩，就可以轻易地计算任何“好”函数 $f(x)$ 的平均值。所谓“好”函数，就是它可以展开成 x 的幂级数

$$f(x) = a_0 + a_1 x + a_2 x^2 + \cdots + a_n x^n + \cdots$$

其中 a_0、a_1、a_2 …是一些系数。因此平均值是

$$\langle f \rangle = a_0 + a_1 m_1 + a_2 m_2 + \cdots + a_n m_n + \cdots$$

实际上不必计算各个具体函数的平均值，而是一劳永逸地先算出一个特定已知函数的平均值，例如

$$Z(u) = \langle e^{-ux} \rangle = 1 - m_1 u + \frac{1}{2!} m_2 u^2 - \frac{1}{3!} m_3 u^3 + \cdots$$

因为从 $Z(u)$ 对 u 求导数，然后令 $u=0$，就得到各次矩

$$m_n = \left(-\frac{\mathrm{d}}{\mathrm{d}u}\right)^n Z(u)\big|_{u=0}$$

在概率论中通常取 e^{iux} 的平均值为 $Z(u)$，称为特征函数。关于 x 的统计分布的全部信息都包含在 $Z(u)$ 之中。因此，求统计平均的手续只有两步：

第一，设法计算出特征函数 $Z(u)$，这一步往往是困难的。

第二，对 $Z(u)$ 微分，求各次矩，然后把它们乘上适当的系数加起来。这一步通常容易做到。

平衡态统计物理的第一部曲，是与统计没有关系的力学问题。不管是用经典力学还是量子力学，请先把微观状态分类编号，然后计算出第 i 个状态的能量 E_i。这一步可以叫做求物理系统的能谱。除了少数理想系统以外，能谱是很难计算的。然而这困难的根子在力学中，与统计没有直接关系。

第二部曲是对全部能谱求和，计算出统计配分函数

$$Z(T) = \sum_{i=1}^{N} e^{-E_i/kT}$$

这相当于在概率论中计算特征函数。只有这一步才是原来意义下的统计。

第三部曲是建立统计和热力学的关系。和概率论中一样，这时唯一用到的运算是微分。通常先取 $Z(T)$ 的对数再微分，也就是对自由能

$$F=-kT\ln Z(T)$$

求微分。例如熵和压力分别是

$$S=-\left(\frac{\partial F}{\partial T}\right)_V,\quad P=-\left(\frac{\partial F}{\partial V}\right)_T$$

这些关系在热力学中有详细推导。

统计物理究竟能不能描述相变?

考察一下统计物理的三部曲，不能不使人发生严重怀疑。大家知道，指数 $e^{-E/kT}$ 是很光滑的函数。计算配分函数时对大量状态求和或积分，只能使函数变得更光滑。一般说来，统计平均总是消除原有的参差不齐，使结果变得更平滑。然而，相变是连续性的中断，是无穷的尖峰和有限的跳跃，怎么能作为不断光滑化的平均结果得到呢?

诚然，三部曲中的最后一部——微分，可以使函数的性质变坏。然而，必须是配分函数或自由能先有了毛病，才能通过微分揭示出来。微分是暴露奇异性的手段，而不是奇异性的来源。

1937年11月在荷兰举行了纪念范德瓦耳斯诞辰一百周年的国际学术会议。会上发生了统计物理能不能描述相变的激烈争论。整个上午争执不休，于是会议主席克喇末把问题交付“表决”。表决结果仍然是赞成和反对参半。

后来的发展说明，包括克喇末本人在内的一部分人当时所持的看法是正确的：关于相变的信息已经包含在统计配分函数之内，只有取了“热力学极限”，即 $N\to\infty$、$V\to\infty$，但保持 N/V 有限，尖峰、断裂等突变才明确地表现出来。

其实，连续的函数可能具有不连续的极限行为，这是一个熟知

的数学事实。我们看一个与相变理论有关的例子：双曲正切函数

$$y=\text{th}\,(ax)=\frac{e^{ax}-e^{-ax}}{e^{ax}+e^{-ax}}$$

图 5.1 中画出了参数 $a=0.5$，1 和 5 的三条曲线。a 愈大，函数拐的弯也愈陡，但始终是连续变化的。只有在 $a\to\infty$ 的极限下，才逼出两个直角，成为图 5.1（b）所示的“台阶函数”

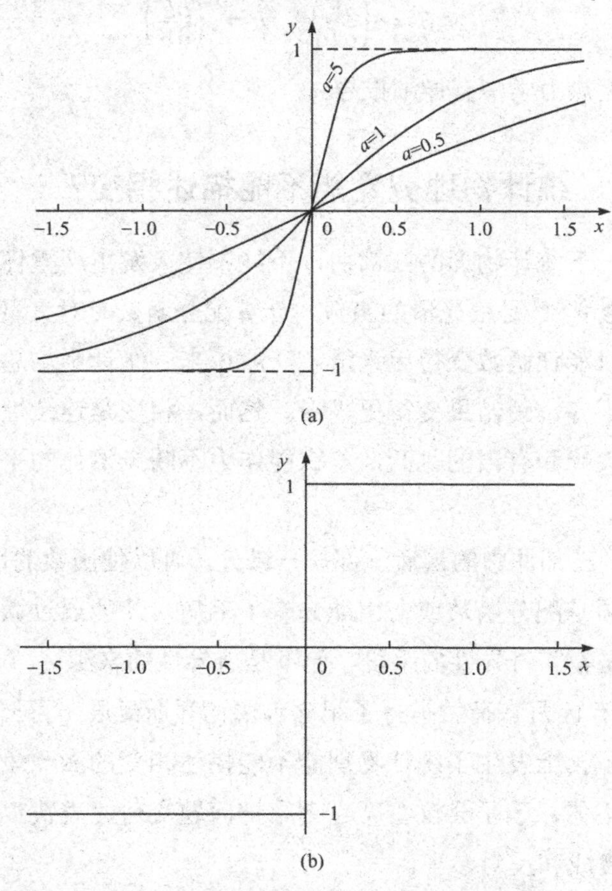

图 5.1 （a）双曲正切函数（b）台阶函数

$$\varepsilon(x)=\lim_{a\to\infty}\text{th}\,(ax)=\begin{cases}1 & (x>0)\\ -1 & (x<0)\end{cases}$$

这是一种“广义函数”。$x=0$ 时，$\varepsilon(0)$ 可在−1 到+1 的垂直线上取任意值。为了确定起见，通常规定 $\varepsilon(0)=0$。

这类例子只说明在一定的极限情况下，可能从连续的函数得到尖峰、跳跃等不连续的行为。为了在相变理论中体现这种可能性，还必须建立比较合乎实际的物理模型。

伊辛模型的曲折历史

早在理解“热力学极限”的意义之前，就开始了统计模型的研究。为了解释铁磁相变，1920 年德国的一位物理学教授楞茨提出了一个简单的模型。后来，他把这个模型交给学生伊辛作博士论文。

许多统计模型的基点，都是完全避开三部曲第一部中的能谱问题，给定一个明确的能谱，集中全力计算配分函数。

按照楞茨-伊辛模型，晶格的每个格点 i 上有一个磁矩 σ_i，它可以取向上（$\sigma_i=+1$）或向下（$\sigma_i=-1$）两种状态。一个具体的微观状态 σ，就是指定每个格点上 σ_i 是+1 或-1，于是

$$\sigma=\{\sigma_1，\sigma_2，\cdots\sigma_N\}$$

N 个格点上每个 σ_i 都可以独立地取 2 种状态，一共有 2^N 种状态。只考虑最近邻相互作用。为了解释铁磁性，应当认为两个相邻磁矩平行时能量较低，令其等于 $-J$，而反平行时能量较高，等于 $+J$。正数 J 是磁矩间的相互作用强度。这样，能谱问题就完全解决了。对于晶格上任何一个具体的 σ 分配方式，能量是

$$E(\sigma)=-J\sum_{(ij)}\sigma_i\sigma_j$$

（ij）表示对一切最近邻求和。把 2^N 种状态的贡献都加起来，就得到统计配分函数

$$Z=\sum_{\{\sigma\}}e^{-E(\sigma)/kT}$$

现在知道，伊辛模型的理论和实际意义，远远超出了它的提出者当年的认识。它能相当好地描述各向异性很强的磁性晶体（如反铁磁体镝铝石榴石）。它是一大类相变现象的代表，而且还有助于理解量子场论的一些根本问题。

模型虽然很简单，求解却极为困难。伊辛本人在 1925 年证明，空间维数 $D=1$ 时，它没有相变。他还列举了一些似是而非的论据，错误地推断 $D\geqslant 2$ 时也没有相变。于是伊辛模型就被伊辛本人否定了。事隔 10 年之后，英国物理学家佩尔斯从物理考虑指出，伊辛模型在 $D=2$ 时应当有相变。佩尔斯的想法，现在已经发展成统计模型理论中的一个专门分枝，那就是不去正面求解这些艰难的模型，但严格地证明相变存在或不存在的定理。1941 年克喇末和万叶从对称考虑出发，严格算出 $D=2$ 的正方晶格上伊辛模型的相变点是

$$u_c=\text{th}\,(J/kT_c)=\sqrt{2}-1=0.4142\cdots$$

1944 年昂萨格发表了二维伊辛模型的严格解。他计算了各向异性、即水平和垂直方向相互作用强度 $J_1\neq J_2$ 的长方格子。昂萨格的解法使用了精美的数学技巧，具有重要的历史意义。现在已经知道多种更为简捷的推导方法。

昂萨格解的最大特点，是比热奇异性表现为无穷的对数尖峰，而不是平均场理论给出的有限跳跃。试把从昂萨格论文中取来的理论曲线（图 5.2）与液氦的比热曲线（图 3.14）对比，可见比热奇异性的形态颇有相似之处。20 世纪 70 年代以来，对于吸附在固体表面上的单原子层的有序无序相变做过一些精细的测量，其比热奇异性与伊辛模型的计算结果经历了符合—不符合—符合的过程。我们在第六章末尾再讲这段故事。

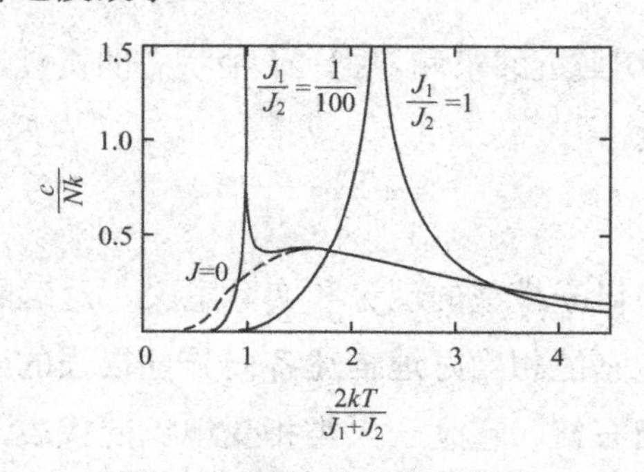

图 5.2　二维伊辛模型的比热

图 5.2 中还给出了 $J_1 \neq J_2$ 时的比热曲线。当 $J_1 \to 0$ 时，它应当趋向没有相变的一维伊辛模型。比热奇异性怎样消失呢？由图看出，从二维到一维的过渡，是通过 $T_c \to 0$ 实现的。在这个意义下，可以说一维伊辛模型的临界点在 $T_c = 0K$ 处；只要温度不是零，它就处于无序的高温相。

昂萨格的严格解发表以后，刚从二次大战时期的应用研究回到基本问题的理论家们用了几年时间来消化他的精神和技巧。大概由于人们的平均智力不相上下吧，1950 年在不同的杂志上同时出现了至少六篇论文，推广昂萨格的方法来严格求解平面的三角或六角格子。随后几年又解出了一批其他平面格子。结果多少有些令人失望：比热奇异性都是对数型的发散，晶格对称对于临界行为似乎没有多大影响。现在我们知道，这正是普适性的表现之一。下一章里就要专门讨论。

二维伊辛模型的其他严格结果，也有迄今尚未结束的曲折历史。1949 年昂萨格在意大利佛罗伦萨举行的统计物理会议上宣布，考夫曼与他计算了二维伊辛模型的磁化强度，临界指数 $\beta = 1/8$，不同于平均场的 1/2，但他生前没有公开发表这一结果的具体推导，1952 年杨振宁在《物理评论》上发表了详细的推导。1967 年吴大峻等人又求得决定磁化率发散的临界指数 $\gamma = 7/4$（平均场理论中 $\gamma = 1$）。20 世纪 70 年代以来，吴大峻及其合作者们，严格地算出了一批关联函数的解析表达式，发现它们满足某些非线性的微分方程。统计模型的严格解和非线性微分方程严格解的关系，正在从各种角度揭示出来。目前所知的也许只是“冰山的尖顶”，那庞大的主体还潜伏在茫茫洋面之下。

总之，二维伊辛模型的严格解是统计物理的重大成就。它表明应用统计物理的原则和方法可以解释相变。它首次对平均场理论的正确性提出了怀疑。昂萨格本人很早就明白，他的方法解决不了三维伊辛模型。许多人对求解三维伊辛模型做过各种尝试，几度有人宣称得到了结果，然而，他们都失败了。至今三维伊辛模型仍是一块啃不动的“硬骨头”。也许，先要解决四维空间中的伊辛模型，再降回到三维空间中来？这一挂了半个多世纪的悬案，仍是一个饶有兴味的数学难题。

复数和四元数

在这本小书里不可能介绍二维伊辛模型的求解过程，因为那要动用数学武库中的重型兵器。然而，我们还是想在这里提到一些简单而有趣的数学事实。这些事实也许会启发某一位年轻朋友，把三维伊辛模型解出来。

第一个披荆斩棘的先锋总要经历崎岖险阻，后来人却可能发现更捷近的道路。二维伊辛模型已经有许多解法。有一篇论文的标题就叫做“伊辛模型的第 399 种解法”！各种解法中最简单的一个，是把伊辛模型变换成一个粒子在晶格上的无规行走问题。令粒子从一点出发，跨一步到相邻点的概率是前面见过的

$$u = \mathrm{th}\,(J/kT)$$

由于 J 和 kT 都是正数，$0 \leqslant u \leqslant 1$（图 5.1（a）），$u$ 可以看做概率。前后两次跨步，可能转一个角度 φ。在四方格子上 $\varphi = 0, \frac{\pi}{2}, \pi, \frac{3\pi}{2}$。排除掉 $\varphi = \pi$，即迈出一步、立即回头的情形。令转角 φ 对应“复数概率” $e^{i\varphi/2}$。普通概率都是（0，1）区间上的实数，但 $e^{i\varphi/2}$ 的绝对值是 1，我们硬把它看成“概率”。求解这个具有复概率的无规行走问题，计算出粒子从原点出发再返回原点的概率，那答案就是二维伊辛模型的昂萨格解！

这个无规行走问题很容易推广到三维。跨一步的概率仍是 u。转角要分解成绕 x、y、z 三个轴的转动。绕相应轴转角度 φ 的“概率”分别取 $e^{i\varphi/2}$、$e^{j\varphi/2}$和$e^{k\varphi/2}$。这里 i、j、k 是复数 i 的推广，称为四元数。

它们满足如下的乘法规则

$$ij=-ji=k,\ jk=-kj=i,$$
$$ki=-ik=j$$
$$i^2=j^2=k^2=-1$$

四元数是十九世纪的力学家哈密顿引入的，当时是为了描述刚体的转动。昂萨格求解二维伊辛模型时也使用过四元数。上面这个具有四元数“概率”的无规行走，是一个干干净净的数学习题。它可以严格地解出来，所得的结果具有一些很好的物理性质，很像是（但可惜不是）三维伊辛模型的严格解。例如，它有一个临界点（对简单立方晶格）

$$u_c=\text{th}\ (J/kT_c)=\frac{1}{2\sqrt{2}+1}=0.2612\cdots$$

而三维伊辛模型的临界点估计在 $u_c=0.22$ 附近。事实上它的确是三维伊辛模型的一个近似解。除了四元数，复数还有许多更复杂的推广，通称为“超复数”。四元数是最简单的超复数。可以证明，任何具有“超复数概率”的无规行走都不能解决三维伊辛模型，顶多只能用来从数值上改进四元数的近似结果。

统计模型展览

从楞茨和伊辛以来，人们建议了各种各样的统计模型。几乎每个统计模型都是一个新的数学难题。只有少数一维的量子模型和二维的经典模型被严格解出来。至今还不知道任何有现实意义的三维统计模型是严格可解的。然而几十年来从统计模型的研究中还是积累了大量知识，为现代相变理论突破平均场的框框准备了条件。

也许写百万字的专著，也容纳不了全部有关统计模型的研究成果。我们只能在统计模型的展览会上匆匆巡礼，选几个著名的代表略作观赏。

量子力学的创建者之一海森堡，在 1928 年提出了一个描述铁磁体的量子模型：每个格点 i 上放一个量子的自旋 $\boldsymbol{S}_i$。量子性表现在自旋算子的各个分量遵从量子力学中的对易关系

$$S_xS_y - S_yS_x = i\hbar S_z$$

等等。海森堡接受了伊辛的反面教训，他的文章中把伊辛模型没有相变，列为必须提出量子模型的理由之一。现在知道，海森堡模型和伊辛模型的主要差别，不在于量子或经典，而在于伊辛模型的相变破坏了“离散对称”，从上下两种取向中挑出一种，而海森堡模型的相变破坏了“连续对称”，从连续的无数个空间方向中选出一个。伊辛模型描述各向异性很强的铁磁体，而海森堡模型描述各向同性的铁磁体。

量子统计模型的求解，远比经典模型更为艰难。早就知道，空间维数 $D=1$ 时海森堡模型没有相变。但是这个看起来很简单的一维情况，经过许多人的努力，直到1966年才由杨振宁兄弟弄清楚。他们的计算导致了一大类二维经典模型的突破。这就是平面冰熵，八顶角模型等严格解的成功。

冰熵问题虽与相变没有直接关系，却很能说明统计考虑的威力，因此值得一提。大家知道，水分子 H_2O 中的两个氢原子并不和氧原子排在一条直线上。两个 O—H 化学键之间有一个夹角，使得水分子具有极性：氧原子那头稍多一些负电荷，而两个氢原子那端又稍正一些。于是，氧原子可以吸引其他水分子中的氢原子，使它朝向自己，形成较弱的“氢键”。水冻成冰之后，氧原子排成规整的四面体。每两个氧原子之间有一个氢原子，但氢原子并不居于中点，而是排成 O……H—O 的样子，其中较长的虚线代表较弱的氢键。

这样就出来了一个排列组合问题。温度在绝对零度时，即使氧原子完全排列好，在氧原子之间分配氢原子的方式却不止一种。处于四面体顶点的氧原子有四个相邻的氧原子。只观察一个特定的氧原子，原则上会出现图5.3所示的情况：从身边一个氢原子都没有，到四个氢原子都在旁边，一共有16种可能性。然而，每个氧原子旁

边有两个氢原子，才是对应水分子的情形。16 个顶点中只有 6 个满足这种“冰条件”。设想将氢原子分配到各个顶点上，使每个顶点都满足冰条件。如果共有 W 种分配方式，则根据第一章中介绍的玻耳兹曼公式，冰在绝对温度零度时应具有剩余熵

$$S = k\ln W$$

怎样计算 S 的准确值，就是著名的冰熵问题。

冰熵的计算并不简单。在一个具体的格点上选定满足冰条件的六种方式之一，它就立即影响到附近格点满足冰条件的办法，形成一种“长程关联”。然而，我们可以使用平均场近似来估算 W，N 个水分子有 $2N$ 个氢原子，每个氢原子在化学键上有靠左靠右两个位置，因此最粗略的估计是

$$W = 2^{2N}$$

这里完全没有计入冰条件。当把氢原子按一切可能分配开时，每个顶点平均地讲有 6/16 的概率满足冰条件，我们应当作一点修正

$$W = 2^{2N}\left(\frac{6}{16}\right)^N = \left(\frac{3}{2}\right)^N$$

于是对一克分子冰（$N = N_A$）

$S = R\ln(3/2) = 3.371$ 焦耳/度 $= 0.806$ 卡/度。气体常数 $R = N_A k = 8.314$ 焦耳/度，已在第二章中见过。

三维冰熵至今尚未准确算出来。1967 年美国物理学家利布利用杨振宁兄弟前一年处理一维海森堡模型的结果，严格地解决了二维冰熵问题，求得

$$W^{\frac{1}{N}} = \left(\frac{4}{3}\right)^{3/2} = 1.5396007\ldots$$

平均场的结果

$$W^{\frac{1}{N}} = \frac{3}{2} = 1.5$$

偏差不过百分之三。

如果令图 5.3 中每个顶点对应一个特定的“位能”，它就成为一

种统计模型，即十六顶点模型。如果从中取出满足冰条件的六种顶点，把代表氢原子的圆点换成指向顶点的箭头，可以画成图 5.4 那样。把箭头看成某种流，则冰条件就是流守恒条件：每个顶点都是两个箭头向内，两个箭头向外。六个顶点赋予不同的能量，得到一批统计模型，其中包括对应铁电体相变的 *KDP* 模型，反铁电体相变的 *F* 模型等。再补上四个箭头同时流入或流出的两种顶点，得到八顶点模型。1971 年贝克斯特严格解出了八顶点模型，推动了统计模型理论的发展。后来，他又提出了计算二维可解模型的统一方法，因此获得 1980 年度玻耳兹曼奖。可惜的是，这一切进展均只限于二维情况。

在相变点附近统计涨落起主导作用，量子涨落退居次要地位。因此可把海森堡模型中的自旋 S 看成具有几个分量的经典矢量，讨论“经典海森堡模型”。$n=1$ 就是伊辛模型；$n=2$ 称为平面海森堡模型或 XY 模型；$n=3$ 是狭义的海森堡模型；$n\to\infty$ 对应“球模型”。

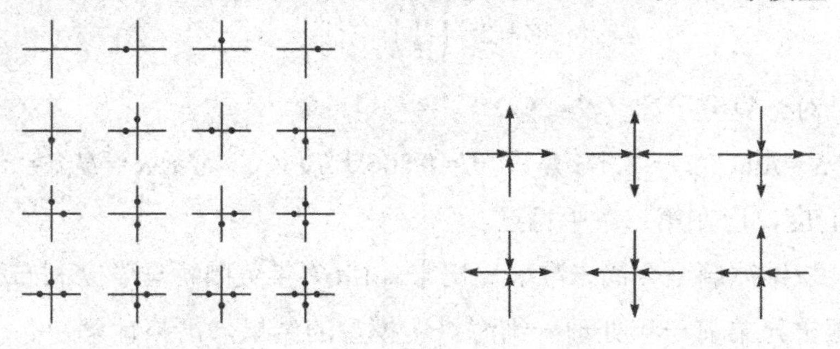

图 5.3　十六顶点模型　　　　图 5.4　六顶点模型

伊辛模型还可以用其他办法推广。例如，把向上、向下两个状态，改为 q 种状态。这就是所谓 q 态的泡茨模型。$q=2$ 是原来的伊辛模型，$q\geqslant 3$ 则是其推广。有趣的是 $0\leqslant q\leqslant 1$ 的情形，可能描述高分子溶液的凝胶转变。目前关于泡茨模型的知识不很多。对于 $D=2$，$q\leqslant 4$ 时是连续相变，而 $q>4$ 时都是一类相变。$D=3$、4 时，q 等于 3 和 4 的泡茨模型看来都只发生一类相变。

伊辛、泡茨等模型都可能对应一些现实的系统。这不仅使统计模型的研究获得具体的物理意义，而且丰富了普适性的概念。下一章末尾讲过普适类以后，再介绍这些精细的实验结果。

我们在此结束对统计模型展览的巡视，回到一个现实问题：怎样对付至今不会严格求解的各种三维统计模型。

闯到“收敛圆”的外面去！

理论物理学中遇到难以严格求解的问题时，有一种常用的手段：找小参数，对小参数求级数展开。小参数要靠物理考虑来确定。伊辛模型中的 $u=\text{th}(J/kT)$ 可以用做高温展开参数，因为 $T\to\infty$时 $u\to 0$。低温极限下 $T\to 0$，$u\to 1$，它就不再是小参数。这时可以换一个参数，例如

$$x=\frac{1-u}{1+u}=e^{-2J/kT}$$

实现低温展开。有外场存在时，还可以试图作弱场展开，强场展开等等。

从 20 世纪 30 年代开始，就有人把级数展开的办法用于统计模型。已故的我国理论物理学家张宗燧曾经是这类研究的先驱者之一。然而，这种做法遇到两条困难。

第一条困难是技术性的。

伊辛模型的高温展开，可以化为晶格上的数图问题。如果知道了一个晶格中能够放下多少个有 n 条边的封闭图形，就很容易求出配分函数高温展开式中 u^n 项的系数。边数不多时，可以直接数图。例如，在简单立方晶格上，最少从四边图开始。每个坐标平面中放一个正方形，共计 3 个图，高温展开式中就有一项是 $3u^4$。六边图有 22 个，八边图有 11 类 207 个，都还可能用人工求出来。十二边图有 756 类 31754 个之多，靠人工计算工作量就太大了，而且极易出错。于是发展了专门的数图方法，设计了许多用电子计算机数图的程序。

即使借助大型电子计算机，工作量还是很大。对于比较实际的体心立方晶体，到1980年为止，才数清了21边图的数目。

回顾一下统计模型级数展开的历史，几乎每前进一步都要出错。一篇论文纠正了前人的小错，往前算一个新的系数，下一篇文章又改正新算出的系数中的小错，争取再前进一步。级数展开经历了30年艰苦的历程，发展成一个专门领域。人们之所以愿意付出这样大的代价，是因为级数展开所得的每一项原则上都是精确的。即使将来求得某个模型的严格解，第一件事也是把它展开，与已知的系数比较，这样来判断所得的严格解是否正确。当然，一旦得到某个严格解，一切有关的级数解就全成为明日黄花，失去光彩。

第二条困难是原则性的。

级数展开每一项的系数虽然是精确的，但实际上只能求得无穷长级数最前面的若干项，而每个级数都有一定的收敛半径。这个半径通常由函数的一个奇异点决定。

在相变问题中，相变点恰恰是一个奇异点。例如，作高温展开时，我们把 u 看做一个复数变量。高温展开级数只在原点（$u=0$）附近的一个圆中收敛。这时，最幸运的情况不过如图5.5（a）所示，相变点正好落在收敛圆上；往往还会遇到更为糟糕的局面，例如，一个 $u<0$ 的“非物理奇点”使收敛圆变得更小，根本达不到相变点（图 5.5（b））。怎样利用短短的级数，获取关于收敛圆上、甚至收敛圆外的相变点的知识呢？

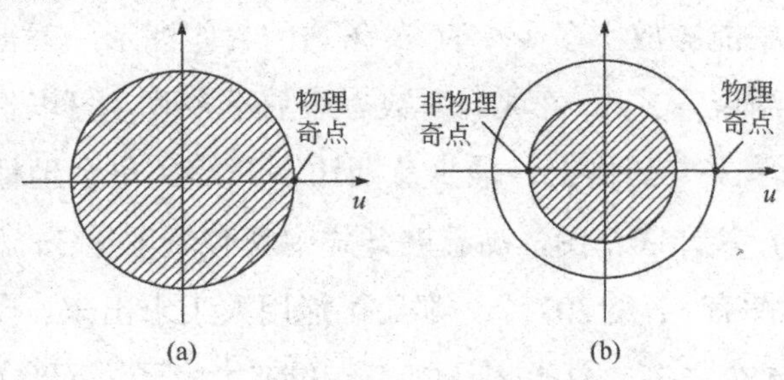

图5.5　收敛圆

必须设法闯到收敛圆外面去！

现在已经有多种办法从收敛很慢、甚至发散的级数中提取有用的信息。我们看一个极端的例子。

积分

$$I=\int_0^{\infty}\frac{e^{-t}}{1+t}\mathrm{d}t$$

不能用原函数计算，因为相应的不定积分“积不出来”。用数值积分的办法可得

$$I=0.596347\cdots$$

现在试图用“分部积分法”为它求一个级数

$$I=-\frac{e^{-t}}{1+t}\bigg|_0^{\infty}-\int_0^{\infty}\frac{e^{-t}\mathrm{d}t}{(1+t)^2}=1+\frac{e^{-t}}{(1+t)^2}\bigg|_0^{\infty}$$
$$-2\int_0^{\infty}\frac{e^{-t}\mathrm{d}t}{(1+t)^3}=\cdots=1-1!+2!-3!$$
$$+4!-5!+6!-\cdots$$

定义一个级数

$$S(x)=1-1!\,x+2!\,x^2-3!\,x^3+4!\,x^4-5!\,x^5+6!\,x^6-\cdots$$

可见积分就是 $I=S(1)$。但是，无论使用微分学教科书中哪一种收敛判据，都可以看出 $S(x)$ 是发散的，除非 $x=0$。这是一个收敛半径为零的级数：收敛圆退化成一个点。只要 $x\neq 0$，它就发散。

现在请利用 $S(x)$ 的前十一项，计算这个级数在 $x=1$ 处的值，即 $S(1)=I$。这并不是一个失去理智的要求。我们可以令它等于

$$\frac{a_0+a_1x+a_2x^2+a_3x^3+a_4x^4+a_5x^5}{1+b_1x+b_2x^2+b_3x^3+b_4x^4+b_5x^5}$$

11 个已知系数，恰好足以定出这个有理分式中的 11 个待定系数 a_0，…，a_5，b_0，…，b_5。然后令 $x=1$，得到比值是 0.597383。与积分 I 的数值比较，误差不超过千分之一。

这种把有限级数化为多项式之比，借以闯出收敛圆的办法，称为帕德变换。三维统计模型级数解中，广泛使用这类办法，获得了

大量有用的知识。许多曾经对级数解法持怀疑态度的人士，也逐渐承认了它的成功。级数解对平均场理论再次提出疑点，又为重正化群的正确性贡献旁证，历史上曾与重正化群的结果在小数点后面第二位上发生过争论。

现在，最新的25阶级数解与最新的七圈重正化群结果在误差范围内完全一致。第七章我们会介绍重正化群的基本概念。

第六章
概念的飞跃——标度律与普适性

二维伊辛模型的准确解对平均场理论的正确性提出了严重的怀疑。按照平均场理论，比热在临界点只有一个有限的跃变，而二维伊辛模型却具有对数奇异性；平均场理论中自发磁化强度是按相对温度的 1/2 次方趋于零（即 $\beta = 1/2$），而根据杨振宁在 1952 年对伊辛模型作的准确计算，这个方次却是 1/8。更重要的是，从昂萨格的解看到，自由能在相变点具有奇异性，而不是一个解析函数，这样就把平均场理论的基本前提否定了。

也许有人会说：伊辛模型的准确解是在二维情况下得到的，现实的世界是三维的，可能问题不大。这并不足为据。实际上三维统计模型的级数展开解表明，平均场理论还是不对。但是对平均场理论最严重的挑战来自精密的实验测量。正是在总结大量实验事实的基础上形成了新的概念——标度律与普适性。这是本章的重点。

实验家的挑战

早在 1900 年就有人指出过，气液临界点的特性与范德瓦耳斯的理论预言不一致。不过，当时并未引起人们注意。以后不断有人对各种液体进行测量，发现结果都与平均场理论不相符。1945 年古根海姆收集了氧、氮、一氧化碳、甲烷、氖、氩、氪、氙等八种物质

气液共存条件的数据，描在一条曲线上，用公式

$$\rho-\rho_c \propto (-t)^{\beta}$$

来拟合，发现最好取 $\beta=1/3$。图 6.1 中右方是液相的相对密度，左方是与液相共存时的气相密度。$\beta=1/3$ 与平均场理论预言的 $\beta=1/2$ 差别显著。但由于当时实验精度不高，温度控制不够好，人们对这个结果还有些怀疑。

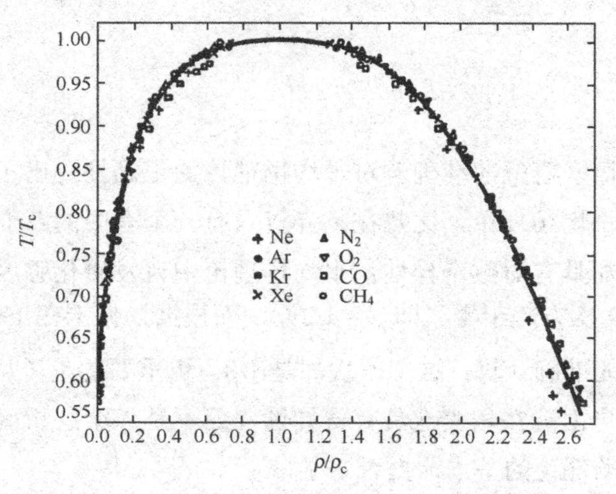

图 6.1　八种物质的气液共存线

到了 20 世纪 60 年代，实验技术有了很大的改进。首先是对温度的控制精确多了，可以真正地逼近临界点。精度最高的是低温下液氦中的测量，相对温度可以控制到 10^{-6}，即百万分之一。图 6.2 中给出三个不同坐标尺度上液氦超流转变点附近的比热曲线。请注意，最左面的图中温度单位是度，中图是毫度，最右边的是微度。从图上清楚地看出，比热的奇异性不是平均场理论所预言的有限跃变。

到 20 世纪 60 年代中期，对许多不同液体的测量结果表明，临界指数 β 确实接近 1/3，临界指数 δ 接近 4.5。但比热的精确测量结果表明，在临界点不是图 6.2 液氦 λ 点的比热奇异性，液氦 λ 点对应的 $\alpha<0$，而且它的数值非常小，而其他液体的 $\alpha>0$，比较起来它的数

值也大得多。

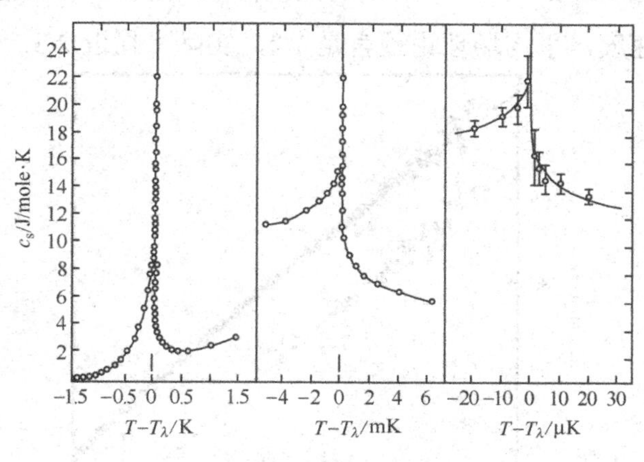

图 6.2 液氦 λ 点的比热奇异性

在地面上，由于地球引力的作用，液氦中不同深度部分的压强不一样，因而不同深度部分所对应的临界温度也不一样。对于这样的不均匀系统，我们不可能任意地逼近临界点，在地面上温度的最高精度只能达到 10^{-6}。为了进一步地提高实验精度，需要减少重力的影响，在太空飞船或太空站上的微重力条件下进行实验，太空实验温度的精确度可以达到 10^{-10}。在临界点附近的渐近区域里，比热可以用下面的公式描述

$$c_p^+ = A^+/\alpha t^{-\alpha} + B^+, \quad t = (T - T_\lambda)/T_\lambda > 0$$

$$c_p^- = A^-/\alpha |t|^{-\alpha} + B^-, \quad t < 0$$

这里 T_λ 是超流转变温度，$A^\pm$、$B^\pm$ 是一些常数。最新的液氦太空实验获得的比热临界指数为 $\alpha = -0.0127 \pm 0.0003$。从图 6.3 看出，在七个数量级的范围内数据可以用以上公式很好地拟合。

对磁性系统也作了许多研究，如铁、镍、三溴化铬，反铁磁体 MnF_2 等等。临界指数也明显地偏离平均场的结果，β 接近 1/3，δ 接近 4.5。同时，由于采用了中子散射和激光技术，比较准确地测得磁性材料和液体的临界指数 γ 及 ν，前者描述磁化率或压缩率的发散程

度，按平均场理论应为 1，测出的数值在 1.3 左右；后者描述关联长度的发散速度，平均场理论预言是 1/2，实际上接近 2/3。

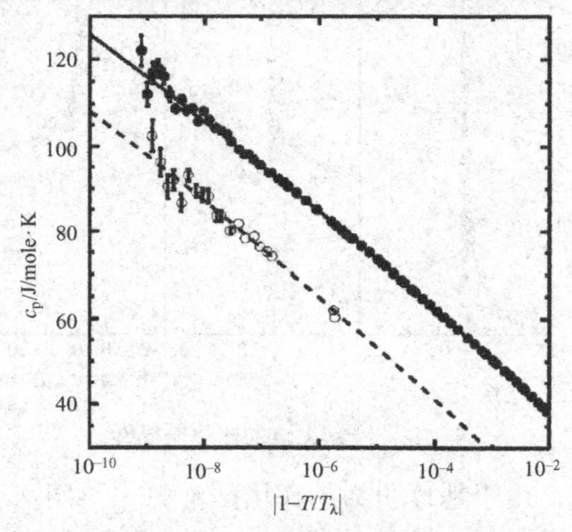

图 6.3　太空实验中测量的液氦 λ 点比热（半对数坐标）

事情已经非常明显，实验家向理论家们提出了挑战：平均场理论没有完全抓住连续相变现象的实质，否则理论与实验的结果不会有如此系统的分歧。

四维以上空间才正确的理论

任何正确的理论都有一定的适用范围。超出这个范围，它可能与实际不符，但在适用范围内应该很好地描写客观世界。例如，描述质点运动的牛顿力学对于高速运动的物体不适用，而由爱因斯坦的相对论取代。同样，它也不适用于微观粒子的运动，那里要借助于量子力学。但是，对于不作高速运动的宏观物体，牛顿力学确是很好的近似。那么，平均场理论是不是正确的理论，它的适用范围究竟如何呢？

在第四章中已经讲过，平均场的基本精神是将其他粒子对某个粒子的作用以一种“平均了的场”来代替。“平均”就是不考虑涨落。可是，在临界点附近涨落很大，正是这种涨落造成比热和磁化率的发散，导致临界乳光等现象。为了考虑这些效应，可以把涨落作为小量来“修正”平均场理论，我们在第四章中已作过介绍。能不能用平均场理论自身来估计一下它的适用范围呢。关键是抓住“只能处理小涨落”这一条限制。

还是以铁磁体作例子。在相变点以下自发磁化 M 不为零，但它在逼近临界点时趋于零。要能忽略涨落的效应，必须要求磁矩的平均涨落比磁矩本身小得多。当然，涨落的大小与所取的体积有关。体积越小，相对涨落越大。前面介绍过的关联长度 ξ 是一个很自然的特征尺度。我们可以要求在边长是 ξ 的体积 V 内，平均涨落比平均磁矩小。从第四章知道，这个“均方涨落”是

$$(\Delta M)^2 \propto N(V)\chi$$

这里 χ 是磁化率，$N(V)$ 是体积 V 中的磁矩数目。设每个磁矩的大小是 m，相对涨落小就是要求

$$(\Delta M)^2 \ll m^2 N^2(V)$$

在 D 维空间中 $N(V) \propto \xi^D$。再考虑到临界指数的定义

$$\chi \propto |t|^{-\gamma},\ M \propto |t|^{\beta},\ \xi \propto |t|^{-\nu},$$

可以把上面的不等式写成

$$|t|^{\gamma-D\nu+2\beta} \gg 常数$$

这个式子给出平均场理论的适用范围，式中常数的大小与体系的具体性质有关，我们不去仔细讨论。根据平均场理论，$\gamma=1$，$\nu=\beta=1/2$，不等式变成

$$|t|^{\frac{4-D}{2}} \gg 常数$$

我们关心的是临界区域，也就是 $|t| \to 0$ 的情形。如果 $D>4$，不等式的左端在 $|t| \to 0$ 时就会愈来愈大。这也就是说，不等式总是成立的，平均场理论在四维以上空间总是对的。这是一个很不寻常的结论。长期以来，人们对这一事实很不理解；建立重正化群理论后认识有所进步。涨落和空间维数的关系，我们在第八章中还要专门讨论。

对于现实的三维空间，上面的不等式就给出了平均场理论的具体适用范围。由于 $|t|$ 的幂次是正的，$|t|\to 0$ 时总会达到使不等式不复成立的情形。换句话说，每个体系有一个特征的温度区间 t_c，在三维空间中它大体上就是不等式右端常数的平方。平均场理论的适用范围就是 $|t|>t_c$。不同的体系 t_c 的数值差别很大，必须具体估算。就一般的铁磁相变和气液临界点说，$t_c\sim 10^{-2}$。现在的实验技术早已“钻”到这个区域以内，因此违反平均场理论的例子比比皆是。相反，对于超导转变，$t_c\sim 10^{-10}$，还远非实验家们力所能及。因此，超导这个宏观的量子现象可以用“经典”的平均场理论很好地描述，而“经典”的气液相变却需求助于超越平均场近似的“非经典”理论。

要求 $|t|>t_c$ 的一个有趣的后果是：流行了近一百年的平均场理论，原来是为解释临界现象而建立的，却偏偏在临界点附近遇到了禁区。看来，要攀上临界点这座奇峰，还需要探索新的道路，锻造更锐利的武器。

是偶然的巧合吗？

尽管实验结果与平均场理论的预言差别很大，但有两件事发人深思。一是许多性质迥然不同的体系临界行为却非常相似，临界指数几乎完全一样。二是临界指数的实验值，虽然不同于平均场理论，

但都很好地满足一些“标度”关系，例如

$$\alpha+2\beta+\gamma=2$$

$$\alpha+\beta(\delta+1)=2$$

等。耐人寻味的是，平均场理论，二维伊辛模型的严格解和三维伊辛模型级数展开解，也都满足这些关系（请读者利用表 6.1 的数值自行验证）。这是偶然的巧合吗？物理学家们没有放过这个现象，继续努力探求它的实质。

临界点
平均场理论

表 6.1　临界指数的理论值

指数	平均场	二维伊辛模型	三维伊辛（级数解，2002）
α	0（跃变）	0（对数）	0.109 6（5）
β	1/2	1/8	0.326 53（10）
γ	1	7/4	1.237 3（2）
δ	3	15	4.7893（8）
ν	1/2	1	0.630 12（16）
η	0	1/4	0.036 39（15）

还在 20 世纪 60 年代初，一些人根据热力学稳定条件和若干合理的假定，证明临界指数不是相互独立的，它们应满足一系列不等式，例如

$$\alpha+2\beta+\gamma\geqslant 2$$
$$\alpha+\beta(\delta+1)\geqslant 2$$

等等。为什么在自然界中这些关系却作为等式成立呢？从热力学的一般考虑无法得到解答。

这里还需要提到另一件事。有人曾严格地证明，平均场理论的结果对于具有长程作用力的模型是正确的。就是说，对于分子间有长程作用的液体模型，可得出范德瓦耳斯方程；对于长程作用的铁磁体，求得的是居里–外斯型的结果。实验与平均场理论不符，说明实际体系中起作用的是短程力。作用力性质很不一样的各种体系，怎么会在相变现象中表现出如此突出的一致性呢？

1965 年美国国家标准局召开了一次有各国科学家参加的相变问题学术会议。由于当时理论与实验的矛盾已很尖锐，新的突破正在酝酿，这次会议在相变研究史上起了相当大的推动作用。会上，著名的统计物理学家尤伦贝克曾经说过这样一段话：要得出普适的、非经典的行为，就要有普适的、也就是与作用力无关的解释。我想唯一的可能性是作用力并非长程。昂萨格的解给出了强有力的启示。很可能，偏离临界点时经典理论（指平均场理论）是很好的描述，但到临界点附近就不成了，那里物质更像昂萨格所描述的。我觉得，中心的理论课题可以叫做替昂萨格和范德瓦耳斯“调停”。

“调停”是必须的。平均场理论的前提要求热力学函数在临界点仍然是可以展开的“好”函数，而昂萨格明确算出了热力学函数有奇异性。平均场理论给出比热的有限跃变，昂萨格却得到无穷的对数尖峰。平均场理论的精神是包罗万象的，即不管空间维数多少，不问力程长短，不顾序参量繁简，它都囊而括之，纳入统一模式，而昂萨格偏偏脱颖而出，在平均场理论的防线上打开缺口。

“调停”是可能的。在如此对立的平均场理论和统计模型准确解（包括级数展开）之间，毕竟有着共同之点，那就是它们给出的临界指数都满足同样的标度关系。人们盯住了这些显然比平均场理论更深刻的关系，寻求通向更普遍的理论的桥梁。

标度假定

给昂萨格和范德瓦耳斯“调停”的第一步，是要找出一种非平均场行为的普适描述，就像朗道理论是对平均场行为的普适描述一样。果然，前面提到的那次会议后不久，几位物理学家从不同的角度出发，相互独立地找到了这种描述。这就是所谓“标度假定”。对于铁磁体，标度假定认为，状态方程可以写成一个普遍的形式

$$H=M^{\delta}h\left(tM^{-1/\beta}\right)$$

这里 H 是外磁场，M 是自发磁化强度，t 是相对温度。这个式子的意思是：如果磁场用 M^{δ} 来标度，就是以 M^{δ} 做尺子，取 H/M^{δ} 为变量，而相对温度以 $M^{1/\beta}$ 来标度，磁场乃是相对温度 t 的一个普适函数 $h(x)$。

图 6.4 上给出了五种不同铁磁材料的实验结果。这五种材料都不是“理想”的铁磁体。$CrBr_3$ 有很强的各向异性，在 z 方向的耦合比 x–y 方向弱 17 倍。EuO 是铁磁半导体，不仅有最近邻作用，还有次近邻作用。金属镍是一种“回游”电子形成的铁磁体。钇铁石榴石（YIG）是一种“亚铁磁体”，由于两套次格子的自发磁化不同，低

温下有净磁矩。Pd_3Fe 是一种铁磁合金。经过标度以后，五种材料磁化强度随温度的变化曲线完全一样。

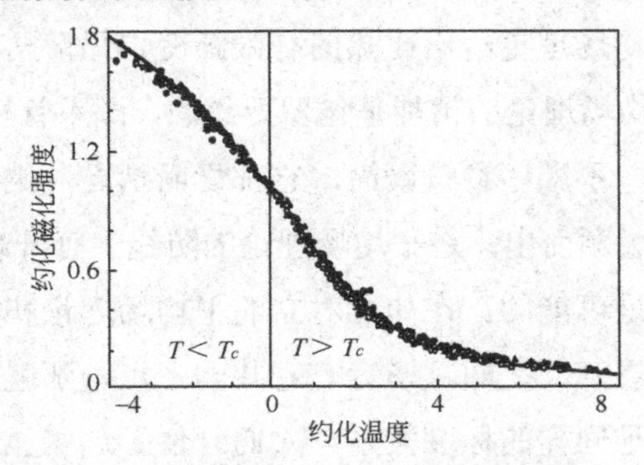

图 6.4　五种铁磁材料的磁化强度标度曲线

图 6.5 是气液系统的相应标度曲线。这里磁场由化学势之差

$$\Delta\mu=\mu-\mu_c$$

代替，而序参量 M 换成密度差

$$\Delta\rho=\rho-\rho_c$$

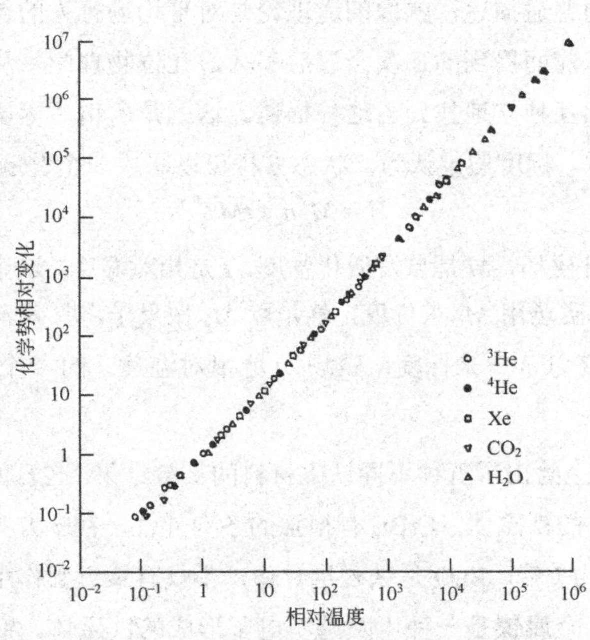

图 6.5　五种气液系统的标度状态方程（森格尔斯 赠）

通过曲线拟合求出的临界指数是$\beta = 0.35$，$\delta = 4.5$。这五种物质也很不一样，有惰性气体，有量子效应显著的^{3}He和^{4}He，还有极性液体——水。性质差异这么大的液体，数据经过标度后都能很好地落在一条曲线上，说明标度假定反映了事物的本质。

为什么在临界点附近会有如此普遍的标度性质，卡丹诺夫给出了一个非常直观的物理图像。这是以后发展起来的“重正化群”理论的基础。

自相似变换

第四章讨论平均场理论时就指出过，临界点最重要的特征是关联长度趋向无穷。比热和磁化率的发散，涨落的反常增大等，都是它的后果。卡丹诺夫的图像，正好抓住了这个根本点。

既然在临界点上关联长度是无穷大，那么不管用什么尺子来量，它都是无穷大。打一个形象的比方：我们用放大镜来看临界点上的图像。不管放大倍数如何，看到的情形都是一样的。从所见图像，也无法判断所用放大镜的倍数。

如果温度不恰好处在临界点上，但很接近临界点，这时关联长度虽然不是无穷大，但仍很长。我们总可以找到一种尺度，它比微观尺度大，但比关联长度小。用不同倍数的放大镜看到的情形还应该差不多。这“差不多”的确切含义是什么呢？我们用具体的例子说明。

假定有一个平面的三角格子，格点上有自旋。这些自旋可以直观地想象为一些小陀螺（图 6.6），有的向上，有的向下。设两个相邻自旋的相互作用为J。由于关联长度很大，我们关心的是大尺度上的性质，可以把自旋分作三个一组，用平均了的自旋来代替。求平均的办法很多，一种可能的办法是“少数服从多数”。一组中有两个自旋向上，平均自旋就算向上，反之算向下。对原来自旋间的作用按状态求和，得出新的“团簇”自旋之间的有效作用J'。以新的

一千倍
十万倍
（a）
怎么看到的
都一样！
十万倍
一千倍
（b）

自旋和相互作用来算自由能，结果应与原来一样。

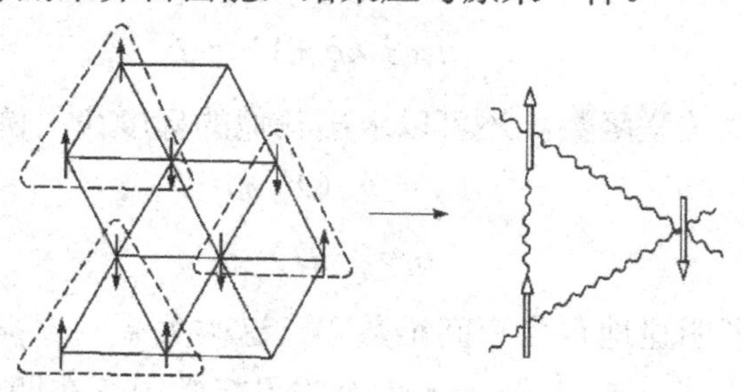

图 6.6 自旋集团的归并

把这个想法稍作推广，考虑一个 D 维的正方格子。取每边 l 个、总共 l^D 个自旋为一个团簇，将相对温度 t 和无纲磁场 h 看做自变量，我们可把每个格点的平均自由能写作

$$F(t,\ h)=l^{-D}F(t_l,\ h_l)$$

由于用尺度为 l 时的有效自变量 t_l、h_l 的自由能 $F(t_l,\ h_l)$，是 l^D 个格点的贡献，乘以 l^{-D} 因子才是一个格点的自由能。我们不知道 t_l，h_l 对 l 的依赖关系，只作一个看起来合理的假定

$$t_l=tl^x \qquad h_l=hl^y$$

这里 x，y 是两个未知的幂次。根据磁矩的定义

$$M=-\frac{\partial F}{\partial h}=l^{-D}\frac{\partial F(t_l,h_l)}{\partial h_l}\frac{\partial h_l}{\partial h}=l^{y-D}M(t_l,h_l)$$

若取 $h=h_l=0$，$t_l=-1$，得

$$M(t,\ 0)=|t|^{\beta}M(-1,\ 0) \qquad \beta=\frac{D-y}{x}$$

用完全类似的方法容易求得

$$\alpha=2-D/x$$

$$\gamma=(2y-D)/x$$

$$\delta=\frac{y}{D-y}$$

从这些式子中消去 x、y，就可以得到上一小节中提到的两个标度关系，即

$$\alpha+2\beta+\gamma=2$$

$$\alpha+\beta\,(\delta+1)=2$$

如果观察关联函数，还可以求出其他的标度律，例如

$$\gamma=\nu\,(2-\eta)$$

$$\alpha=2-D\nu$$

最后一个式子明显地包含空间维数 D，这类关系叫“强标度律”。

这样，α、β、γ、δ、ν、η 六个临界指数中存在四个标度关系，因此只有两个是独立的。我们在这里似乎是推导出来各个标度关系，实际上结论已经包含在开始的假定中，因为只有 x 和 y 两个独立的标度参数。这好像是变了一场“戏法”。但是，这并不是戏法，它提供了直观的物理图像，突出了基本假定，概括了大量实验事实，确立了新的概念——标度性。在物理学的发展中，形成新的正确概念往往是最关键的一步。

我们顺便指出一件很有趣的事情。根据大量实验事实和理论计算的“经验”（参看表 6.1），α和 η 是“小”指数，可以强令它们为零，然后利用四个标度关系定出其余指数。三维情况下 $\gamma=4/3$，$\beta=1/3$，$\delta=5$，$\nu=2/3$。这些数值与平均场理论不同，但很接近实验数据。这说明，标度假定是有物理内容的。当然，我们不能随意抹杀两个“小”指数，而应从理论上阐明，为什么它们如此之小。事实上在二维情形下，α和 η 不一定是小量（参看下一小节和第九章）。

前面我们曾给自己提出一项任务：寻求一个普适的、超越平均场的理论框架，抹去体系的个性，使共性突出。现在我们看到，标度变换就是所需的办法。远离相变点时，关联长度与相互作用长度差不多。在相变点附近，由短程作用导致长程关联的理论手段，就是“连环套”似的标度变换。正是在这种建立连环套的过程中，原来没有直接相互作用的粒子也关联起来了，个性逐渐退居次要地位，普适性愈益表露出来。

普适到什么程度?

临界特性究竟和物理系统的哪些性质有关，和哪些因素无关呢？在总结大量实验事实的基础上，还是那一位卡丹诺夫提出了一个假定：各种物理体系可以分成若干个普适类，每个普适类的临界特性完全一样。区分普适类的最重要标志是空间维数 D，其次是内部自由度的数目或者说序参量的个数 n。如果是短程力，临界特性与作用力的性质无关；对于长程作用，还要考虑作用力随距离衰减的快慢。晶体的对称和微观磁矩的大小等，都是无关紧要的因素。

按照这个假定，液体与伊辛铁磁体属于同一个普适类，因为内部自由度的数目都是 $n=1$。超导、超流和 $X-Y$ 模型构成另一个普适类，它们都具有连续对称，内部自由度的数目都是 2。各向同性的海森堡铁磁体是 $n=3$ 的情形，属于另一类。

不同的普适类可以在实验中清楚地区分开来。我们举两个例子。临界点附近序参量随温度的变化由临界指数 β 决定

$$M \propto (-t)^{\beta}$$

相对温度 $t=(T-T_c)/T_c$，我们已见过多次。根据平均场理论 $\beta=1/2$，因此 M^2 和 t 的关系画出来应当是一条直线。可是图 6.7 列举的几种物质，曲线逼近 $t=0$ 时都不是直线，而且它们之间的差异显著，远远超过了实验误差。原来这些物质属于不同的普适类，只有画出

$$M^{1/\beta} \propto (-t)$$

而且采用各类自己的 β 数值，

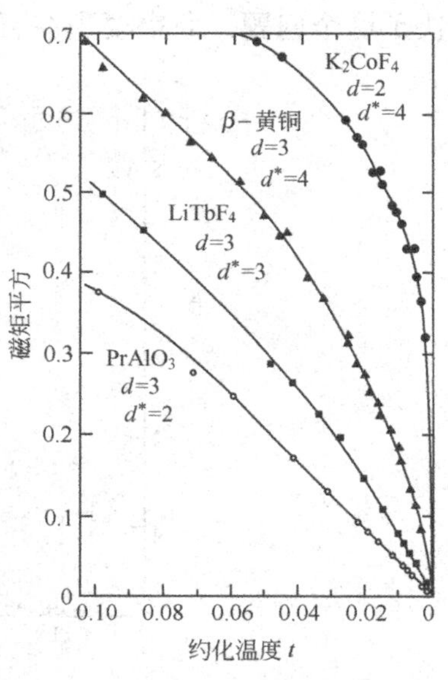

图 6.7 不同普适类的磁矩平方曲线

才能得到一批直线。

另一个例子涉及对二维伊辛模型理论结果的实验检验。这也是精巧的样品制备和细致测量的范例。

氦原子吸附到具有六角结构的石墨表面上，形成单原子层。在低温下氦原子排成与石墨衬底一致的六角点阵，稍微升温时会发生有序—无序相变，成为二维液体。测量这一转变的比热奇异性，要从数据中扣除大块衬底的贡献，才能看出二维单原子层的行为。可见实验要求极为精密。实验家们在1974年测出了图6.8所示的曲线。人们曾经用对数尖峰拟合这些数据，认为它直接验证了昂萨格的理论结果。

后来有人指出，吸附在石墨表面上的单层氦原子，由于尺寸效应有三种等价位置，应由 $q=3$ 的泡茨模型描述，并不对应伊辛模型。对图6.8中数据的精确处理，给出比热临界指数$\alpha=0.36$（泡茨模型的理论值是$\alpha=1/3$），绝对不是$\alpha=0$!

怎样制备真正的二维伊辛系统呢？物理学家的头脑与巧手终于解决了这个问题。原来要先在石墨上吸附单层氪原子，再在六角结

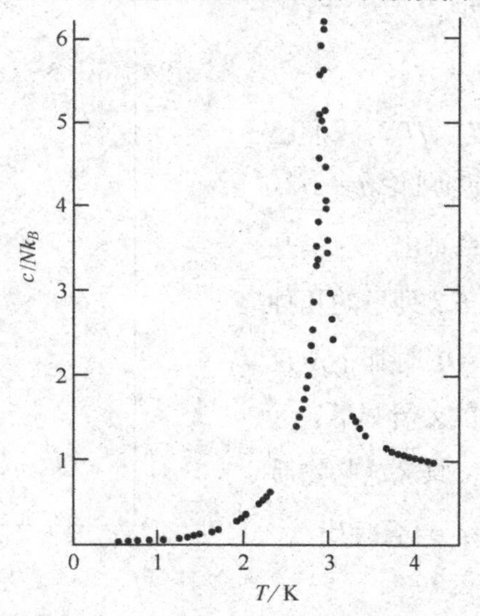

图6.8 吸附在石墨表面上的氦单原子层的比热曲线

构的氪原子膜上吸附一层氦原子，这层氦原子的有序—无序转变才对应二维伊辛模型。1980 年发表的比热测量结果，正是$\alpha = 0$ 的对数尖峰!

我们看到，伊辛模型和泡茨模型都不再是只有理论意义的数学难题，普适类也成为与实验一致的物理概念。相比之下，平均场理论是“过分普适”的理论，它的结果与空间维数 D、序参量的数目 n 和力程长短都没有关系，甚至在不可能发生相变的情形（如 $D = 1$），它也预言同样的结果。

标度假定说明了标度律，普适性假定划分了普适类。这是两个突破了平均场理论框架的新概念。理论的任务在于从更基本的原理出发，论证它们的正确性，使它们由假定成为规律。

为了最严格地检验临界现象的普适性，美国航天局支持超流普适性实验，利用 ^{4}He 的超流相变不仅是一个临界点，而是一条临界线（见图 3.15），通过比较不同压强下的不同临界点的普适性质，可以检验临界现象是否真正普适。为了取得非常高的实验精度，实验将在由多个国家合作建立的国际太空站上进行。

第七章
一条新路——“重正化群”

前一章中讲到，精密的实验测量动摇了平均场理论的基础，统计模型的严格解和级数解提供了有益的启示。在概括和消化这些结果的过程中形成了描述连续相变的新概念——标度律和普适性，同时进一步阐明了临界点的物理图像。这是我们认识相变现象的一个重要阶梯，但还不是完整的理论。能不能从更加微观的层次来论证标度律和普适性这两个看来很合理的假定？ 能不能从理论上计算出临界指数的正确数值，并直接与实验比较？ 20 世纪 70 年代以来，相变研究的新进展肯定地回答了这两个问题。

美国物理学家威尔孙把量子场论中的重正化群方法“嫁接”到相变理论中来，在这方面的研究中开辟了一条新路。虽然量子场论与统计物理的相互促进，从 20 世纪 50 年代开始就带来了累累硕果，但相变理论的突破又来自这种结合，则是出乎许多人所意料的。

重正化群这个名词听起来很陌生。如果想掌握它的全部理论与技巧，当然需要认真地花一番功夫，那也远远超出这本小册子的范围。但是，为了介绍它的基本精神，却并不需要什么重型武器。这正是本章中我们试图做到的。为此，我们先用函数迭代的简单例子引入一些必要的概念，再用一维几何相变的模型说明重正化群的基本思想，接着概述它的主要精神和结果。

不　动　点

现在讲一个看起来和相变理论没有什么关系的例子，但通过它可以学会一些有用的概念。这个例子似乎很简单，却包含着非常丰富的内容，涉及20世纪80年代统计物理学的一个大“热门”。我们在第十二章中还要进一步介绍。

考虑二次函数

$$y=\lambda x(1-x)$$

这是一条抛物线，其中λ是参数。令自变量x的变化范围为$0\leqslant x\leqslant 1$。在这个区间里函数y有一个极大值，它在$x=\frac{1}{2}$处，且$y_{\max}=\frac{\lambda}{4}$。

如果将这个函数迭代多次，即给定x_0，计算

$$x_1=\lambda x_0(1-x_0)$$

再计算

$$x_2=\lambda x_1（1-x_1）$$

……

$$x_{n+1}=\lambda x_n（1-x_n）$$

一直重复下去，会产生什么结果呢？

不妨拿一个计算器来试试看。取$\lambda=2$，$x_0=0.1$，各次迭代的结果是

迭代次数	结果
0	0.1
1	0.18
2	0.295 2
3	0.416 113 92
4	0.485 926 251 2
5	0.499 603 859 2

6	0.499 999 686 1
7	0.5
8	0.5

第七次迭代以后，结果不再变动，达到了“不动点”$x^*=0.5$。

以上迭代过程很容易作图表示。图 7.1 中除了抛物线 $y=\lambda x(1-x)$ 外，还画了一条分角线 $y=x$。从 x_0 出发，先作垂直线与抛物线交于 A 点，这时的纵坐标就是 x_1。再通过 A 点作水平线，与分角线交于 B。它的纵横坐标都是 x_1，再作垂直线与抛物线交于 C，其纵坐标就是 x_2。如此循环下去，可以看出不管初值 x_0 取什么值（只要不等于 0 或 1），多次迭代以后都逼近 P 点。如果初值就取在 $x_0=1/2=x^*$ 处，则永远留在那里不动。P 点就是不动点。

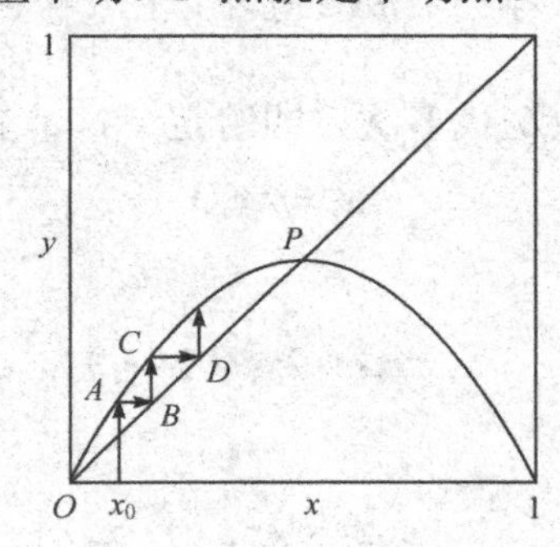

图 7.1　二次函数的迭代

其实，很容易由原来的方程求出不动点。令 $x_{n+1}=x_n=x^*$，得到二次方程

$$x^*=\lambda x^*(1-x^*)$$

它有两个根

$$x_1^*=0 \qquad x_2^*=1-1/\lambda$$

在$\lambda=2$ 的情形下，0 与 1/2 都是不动点。

为什么迭代过程中总是向 x_2^* 逼近，而离开 x_1^* 愈来愈远呢？这是由于函数 y 在这两个点的切线斜率不同，而斜率决定不动点的“稳定性”。讨论得更普遍些。一个非线性的迭代过程

$$x_{n+1}=f(x_n), \qquad n=0, 1, 2\cdots$$

可能达到不动点

$$x^*=f(x^*)$$

在离不动点很近时，可设

$$x_n=x^*+\varepsilon_n$$

$$x_{n+1}=x^*+\varepsilon_{n+1}$$

代回到原来的迭代方程中并在不动点附近展开

$$x^*+\varepsilon_{n+1}=f(x^*+\varepsilon_n)=f(x^*)+f'(x^*)\varepsilon_n+\cdots$$

利用不动点方程消去两边第一项，得到

$$\varepsilon_{n+1}=f'(x^*)\varepsilon_n+\cdots$$

如果导数 $f'(x^*)$ 的绝对值大于 1，再经过一次迭代 $|\varepsilon_{n+1}|$ 就大于 $|\varepsilon_n|$，离不动点的距离更远一些。相反，如果 $|f'(x^*)|<1$，每迭代一次就离不动点更近。前者叫做“不稳定”不动点，后者称为“稳定”不动点。

在我们讨论的情形中

$$f'(x)=\lambda(1-2x)$$

如果 $0<\lambda<1$，$x_1^*=0$ 是稳定不动点，$x_2^*=1-1/\lambda$ 是不稳定不动点。若 $1<\lambda<3$，则反过来，x_1^* 变成不稳定的，而 x_2^* 变成稳定的。假使 $\lambda>3$，x_1^*，x_2^* 都变为不稳定不动点。那时出现什么现象，我们留待第十二章介绍。

再谈几何相变

在第三章的末尾我们曾介绍过一种“几何相变”——金属球和绝缘球堆砌在一起时导通性质的变化。那里也提到最简单的一维情形，只有全部线链由金属球组成时才能导通，有一个绝缘球夹在中间就不行。现在就用这个简单的一维例子演示一下“重正化群”的思想。

假定有一个线性链，每个格点被金属球占据的概率为 P，在图

7.2 中用黑球表示，而绝缘球用白球代表。回到上一章的自旋归并图像，把线链分成元胞，每个元胞中有 b 个格点。图中取 $b=2$。要使整个元胞导通，元胞中每个格点必须导通。因此元胞导通的概率是单个格点导通概率的乘积。用 P' 表示元胞导通的概率，它是格点导通概率 P 的函数。这个函数当然与元胞尺寸有关，把它记为 $R_b(P)$。一般情形下 R_b 可能很复杂，对一维链则很简单

$$P' \equiv R_b(P) = P_b$$

通常把 R_b（P）叫做 P 的“重正化变换”，即从格点的导通概率变换成元胞的导通概率。

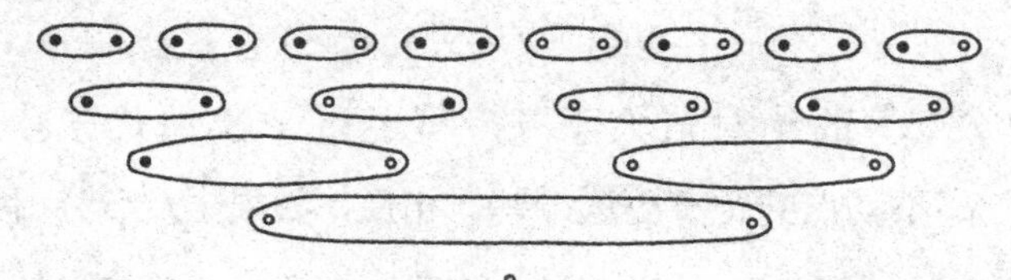

图 7.2　线性链的集团归并

这样的变换可以连续地做下去，与上一小节的非线性函数迭代完全类似，结果也很容易用作图法得到（见图 7.3）。假定初始概率 $P_0=0.95$，经过一次元胞归并后得到

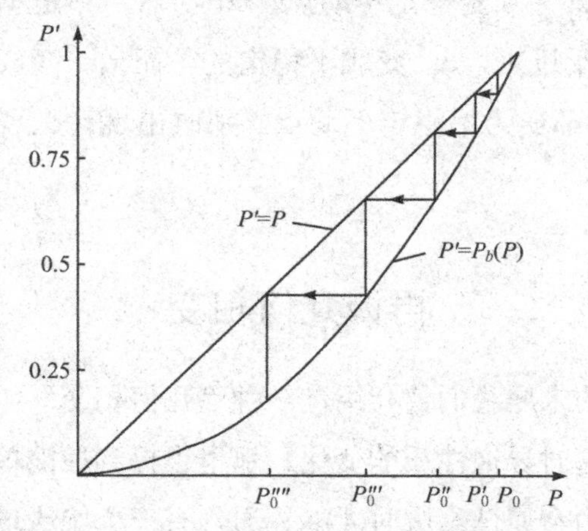

图 7.3　导通概率的重正化变换

$$P'_0 = R_b(P_0) = (0.95)^2 = 0.90$$

再作一次归并后变成

$$P''_0 = R_b(P'_0) = R_b(R_b(P_0)) = 0.81$$

如此循环，以至无穷。这个平庸的例子最后达到不动点 $P^* = 0$，这自然可直接看出来。

前一章中自旋集团归并使用了“少数服从多数”的原则。这里情形稍有不同。从图 7.2 看出，只要元胞中出现一个白球，归并后就得白球。因此，可以把图 7.2 的归并方法称为“否决权”原则。只要 $P_0<1$，就有 $P^* = 0$。这是“否决权”原则的后果。

我们把 R_b 这些重正化变换的整体称为“重正化群”。“群”首先是指一类变换（或“操作”）所构成的全体。譬如围绕某一固定轴的一切旋转构成一个群：转 30 度是这个群的一个元素，转 50 度也是这个群的一个元素，先转 30 度再转 50 度，还是这个群的一个元素。连续作两次变换（或叫两个元素相“乘”），结果等价于已经包括在群中的一个变换，这是构成“群”的一个主要特征。在我们讨论的例子中，可以先作一次变换把 b 个格点归并成一个小元胞，再作一次变换把 b 个小元胞归并成一个大元胞，结果等价于把 b^2 个格点一次归并成一个大元胞。在图 7.2 中，这就是跳过中间第二行，一次归并为图中第三行。群乘法的规则可写成

$$R_b(R_b(P)) = R_{b^2}(P)$$

作为一个“群”，必须要有单位元素。在转动的例子中这就是“不转”。通常可以利用这个单位元素来定义“逆元素”。先逆时针方向转 30 度，再顺时针方向转 30 度，结果相当于不转，即等于单位元素。顺时针和逆时针方向转同一角度的两个操作就互为逆元素。在我们讨论的重正化群例子中有单位元素，就是“不归并”或 $b = 1$。但是，这里不能定义逆元素，因为元胞的归并是一一对应的操作，然而元胞的分解不再是一一对应的。归并后的一个白球，可能对应归并前“黑白”、“白黑”、“白白”三种情形之一，不能

定义唯一的逆变换。没有逆元素的群称为半群。因此，从比较准确的意义上讲，重正化群是一种半群。

第三章中已经讲过，对几何相变也可以定义关联长度ξ（P），就是格点被金属球占据的概率为P时连通集团的平均尺寸。关联长度在重正化变换下缩短

$$\xi(P')=\xi(P)/b$$

其原因是由于“尺子”变长b倍。在图7.2中，黑球链的平均尺寸原来是$\xi=4$，变换一次后成为2，再变一次成为1。

几何相变中也有一个临界点$P=P_c$。达到临界点以后，连通集团的尺寸变成无穷大。这时不管用什么尺子量都是无穷大。导通性质不再因重正化变换而改变。因此，临界点至少应该是重正化变换的“不动点”，但不动点不一定都是临界点。现在的变换中有两个不动点：$P_1^*=0$和$P_2^*=P_c=1$，只有后一个对应临界点。P_1^*是稳定不动点，P_2^*是不稳定不动点，判据就是上一节中提到的、变换函数在不动点的导数绝对值。这里有

$$R_b'(P)=bP^{b-1}=\begin{cases}0 & (当P=P_1^*)\\ b & (当P=P_2^*)\end{cases}$$

由于$b>1$，在临界点$P_c=P_2^*=1$处R_b'（P_c）>1。这是一个不稳定的不动点。我们已经知道，到不稳定不动点的距离$|P_c-P_c|$每经过一次变换都要增大。在相变理论中，如果某个参数的值经过重正化变换后越变越大，就叫做“有关参数”。几何相变中$|P-P_c|$就是有关参数。

我们可以用直观的“流向图”来表示稳定和不稳定不动点的特性。图7.4上方画出了重正化过程中“流”从不稳定不动点$P_2^*=P_c=1$汇向稳定不动点$P_1^*=0$。这里只有一个参数，流向图是一维的。多个参数时流向图就变成高维的。

关联长度ξ（P）在临界点附近趋向无穷大，

$$\xi(P)\propto|P-P_c|^{-\nu}$$

临界指数ν可从前面的重正化变换中求出来。将重正化变换在不动点

$$P_c = R_b(P_c)$$

附近展开，

$$P' = R_b(P) = R_b(P_c) + \lambda_b(P - P_c) + \cdots$$

这里λ_b是 R_b在 P_c处的一阶导数。一方面，关联长度经过重正化变换缩短 b 倍；另一方面，根据临界指数ν的定义，变换前后关联长度之比可以写为

$$\frac{1}{b} = \frac{\xi(P')}{\xi(P)} = \frac{|P' - P_c|^{-\nu}}{|P - P_c|^{-\nu}} = \frac{1}{\lambda_b^{\nu}}$$

式中使用了不动点附近的展开。将上式两边取对数，求出

$$\nu = \frac{\ln b}{\ln \lambda_b}$$

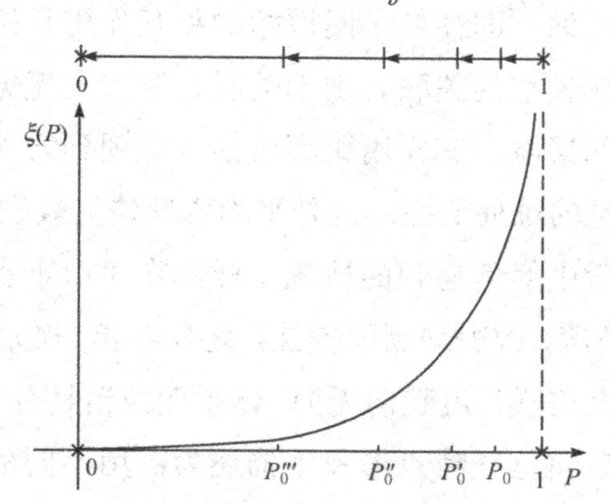

图 7.4　关联长度的变化及流向图

在这个例子中$\lambda_b = bP^{b-1}|_{p=1} = b$，因此

$$\nu = 1$$

临界点附近关联长度的发散大体如图 7.4 所示。

从这个非常简单的几何相变例子中我们看出，重正化群的计算又是一组三部曲：

一是找到恰当的重正化变换，也就是标度变换；

二是研究这个变换的不动点，找出与临界点有关的不动点和相应的有关参数；

三是分析在这个不动点附近的变换性质，求出临界指数。

重正化变换

有了上面这些准备知识，我们又可以回到相变问题本身。

相变理论的困难在于它要处理一个真正的多体问题。宏观体系包含大量粒子和复杂的相互作用，不都是“真正的”多体问题吗？这中间有很大差别。一般情况下，多体问题可以化为少量粒子，如二体、三体问题。就是说，在某个固定的时刻，对某个确定的粒子只要考虑其他二、三、四…个粒子的作用就够了。但是在连续相变理论中不能这样做。即使粒子间原始的相互作用是短程的，在相变点附近也能形成长程的关联。由于关联长度趋向无穷，就必须同时考虑所有粒子的影响，其作用距离包括从微观到宏观的一切尺度。这就是相变理论的难处所在，也是平均场理论失败的原因。

正像物理学中经常遇到的情况一样，在“山重水复疑无路”的时候，换一个角度，改变问题的提法，就有可能“柳暗花明又一村”。既然在临界点上关联长度趋向无穷，体系就应当具有“标度不变性”。上一章中我们曾将这一特点形象地描述为：用不同倍数的放大镜观察物理体系，看到的图像都一样，只是忽略掉的细节尺度不同。如果体系不是准确地处在临界点上，但距离临界点很近，还应该具有近似的“标度不变性”。

相变问题中有三个不同的尺度：反映物质微观结构的晶格常数 a，反映多体作用范围的关联长度 ξ 和“放大镜”的分辨率，或者说理论描述的细致程度 r。对于靠近临界点的宏观系统，这三者的关系是

$$a \ll r \ll \xi$$

由于 $a \ll r$，可以把微观尺度上的运动完全平均掉，进行“亚宏观”的描述。一旦到了临界点，

$$a \ll r < \infty$$

r 就有了无限的活动范围。不论取多大的 r 进行平均，只要$a \ll r$，所得的结果都应该是一样的。这是卡丹诺夫“自相似变换”的物理基础。

威尔孙的功劳在于将量子场论中的重正化群方法“嫁接”到相变理论中来。我们说“嫁接”，而不是“移植”，因为他不是简单地将那里现成的方法原封不动地搬过来。量子场论中的重正化群方法，是为了讨论“重正化电荷”怎样不随截断因子变化，在20世纪50年代发展起来的。70年代，为了讨论基本粒子在高能下的散射行为，重正化群方法更加受到重视。1971年，威尔孙把这种重正化的思想与相变理论中非常直观的标度变换图像结合起来，赋予重正化群理论以丰富而具体的物理内容。这里关键的一步，是把关联长度趋向无穷的临界点与重正化群变换的不动点联系起来。在上一小节讨论的简单例子中只有一个参数，临界点本身就是不动点。在实际的物理体系中，情况要稍微复杂一些。

一个物理体系的能量，通过构成它的微观粒子的力学量表示出来，就叫做这个体系的哈密顿量。通常它含有若干参数。在第五章中介绍过伊辛模型的哈密顿量

$$H=-J\sum_{(ij)}\sigma_i\sigma_j$$

其中 J 就是这样的参数，它表示最近邻自旋间的相互作用。还可以考虑次近邻、再次近邻作用，在哈密顿量中引入含参数 K, L 等的项。给定一个哈密顿量 H，就有一组确定的参数值，如 $J=2$，$K=0.5$，…。反之，对于特定类型的哈密顿量，给出一组参数值，就完全确定了哈密顿量本身。我们可以取 J，K，L 等为坐标轴，构成一个“参数空间”，其中每个点代表一个哈密顿量。重正化群的作用对象就是这样的参数空间。

所谓重正化变换，实际上包含两个步骤。第一步是将“放大镜”的分辨率降低，就是把比较小的尺度上的运动状态平均掉。第二步是将自旋变量等重新标度，使通过平均求得的“有效”哈密顿量又

具有原来的形式。

重正化，也就是降低分辨率的办法很多，最直观的一种就是自旋团簇归并。上一节中讨论一维几何相变时，我们用的也是这种办法。一般说来，元胞之间的相互作用比原来格点间的作用复杂。为了求得封闭形式的结果，必须采用某种近似。我们不在这里详细讨论。

原始的、没有经过重正化变换的哈密顿量有一组参数值，在参数空间中用一个点代表。经过变换后的有效哈密顿量具有另一组参数值，由参数空间的另一个点代表。因此，可以形象地把重正化变换看成是参数空间中代表点的运动。运动轨迹就是上一节中提到的流向图。

参数空间中代表点的运动受少数特殊的点所控制。一维几何相变的例子中，不稳定的不动点控制代表点的运动，它正好对应临界点。如果哈密顿量有许多个参数，某个确定的不动点，可能对一部分参数（“无关参数”）是稳定的，但对另一些参数（“有关参数”）又是不稳定的。具有这种性质的不动点称为“鞍点”。正是这类鞍点才对应相变的临界点。

讨论一个简单的例子，它包含 r，u 两个参数。图 7.5 绘出了 r、u 平面上的流向图。N 和 S 是两个不动点。N 点上所有的箭头都指向外面，说明它是个不稳定的不动点，不对应相变的临界点。在 S 点上，沿 r 方向的箭头向外，但沿 u 方向箭头向内。这是一个鞍点。

为了直观起见，我们设想一个机械的类比。图 7.6 绘出一个鞍面。鞍面有两个峰、两个谷、中间有一个鞍点。图上画出了一组等高线。与图 7.5 对照，两个峰分别对应 $r=0$、$u=0$ 和 $r=0$，$u=\infty$，而两个谷分别对应 $r=-\infty$，$u=u_0$ 和 $r=+\infty$，$u=u_0$。用小球在鞍面上的运动来模拟体系代表点的变化。如果球的初始位置正好在 $r=0$ 的鞍脊上，它最后达到 S 点就不动了。但只要初始的 $r\neq0$，则不论在鞍脊哪一边，小球都会先向鞍点靠拢，然后再远离，滚入两谷中的一个。这两个谷底是稳定的不动点。与临界现象没有直接关系。对小球滚动起控制作用的是鞍点的位置和曲面在它附近的斜率。这个斜率决定小球靠近和离开鞍点的速率，由此可以求出相应的临界指数。

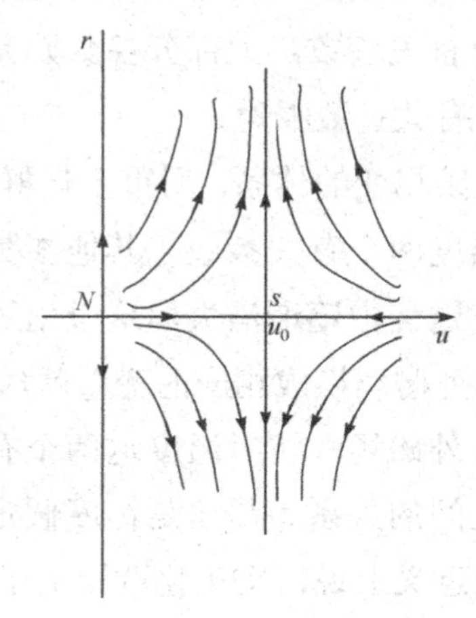

图 7.5　二维流向图

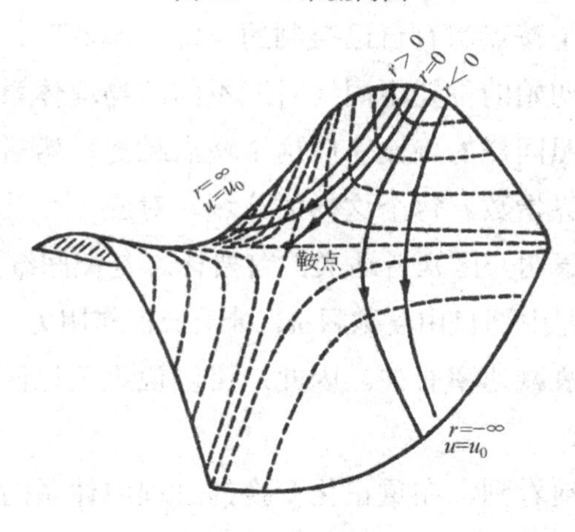

图 7.6　鞍面

为什么鞍点才对应临界点？物理意义是清楚的。我们已多次看到，在接近临界点，即相对温度 t 很小时，关联长度 ξ 很大。经过重正化变换，由于尺子变长，ξ 不断地缩短。ξ 变小，相当于 t 愈来愈大，也就是离临界点愈来愈远。因此，相对温度 t 必然是一个有关参数，临界点不能对应完全稳定的不动点。另一方面，临界点也不可能是完全不稳定的不动点。否则，所有的参数在重正化变换下不断放大，体系的个性会表现得愈来愈突出。这与临界点的基本实验事实不符。这样就只剩下一种可能性：临界点对应鞍点，有若干个不稳定方向，对应有关参数，大部分参数则是无关的，对应稳定方向。究竟存在几个有关参数呢？

对于能够发生连续相变的体系，用重正化群方法分析的结果是：只有外磁场和相对温度两个有关参数，其他参数都是无关的，它们的作用在重正化变换过程中逐渐消失。这里用了铁磁相变的语言，对于其他相变只要把外磁场换成相应的变量就成了。上一章“推导”标度律时就假定只有外磁场和相对温度这两个有关的标度参数，从而得出了临界指数之间的关系。那里是标度假定，这里是重正化群的计算结果。从这个意义上说，重正化群论证了标度律。

在这个理论中，普适性也变得十分自然。参数空间中可以有许多个鞍点，每个鞍点都有自己控制的一定“流域”。在同一个流域范围内，尽管初始的位置不同（对应不同的物理体系），但在重正化变换下都按照同样的规律先向这个鞍点靠拢，然后再远离，因而具有相同的临界指数。每个这样的流域，对应一个普适类。理论计算的结果确实表明，区别普适类的首要标志是空间维数 D，其次是序参量的个数即内部自由度数目 n。对于长程作用力，普适类还与作用力随距离的衰减速率有关。因此，可以说重正化群的理论证明了普适类的划分。

我们清楚地看到，在重正化变换的过程中体系的个性被逐步抹掉，共性被逐渐突出。这种最普遍的共性、更本质的规律，不决定于微观的相互作用，而取决于空间维数 D、内部自由度数目 n 这类“几何特征”。

奇怪的展开参数

一个正确的新理论应该把经过实践检验、在一定范围内正确的老理论作为极限情形包含在内。对于低速运动的物体，爱因斯坦的相对论力学还原为牛顿力学；对于宏观物体的运动，当普朗克常数可取为零时，量子力学就回到经典力学。重正化群理论的“经典极限”是什么呢？

一个好的理论应该不仅能定性地说明实验现象，还应给出定量的计算结果，直接与实验比较。在相变理论中就是要具体算出各种临界指数。准确可解的例子在理论物理中少得屈指可数，在重正化群理论中更是凤毛麟角。人们必须求助于近似计算，而系统的近似计算往往需要有合适的“小参数”。重正化群方法中的小参数又是什么？

这两个问题的答案基于同一事实：在空间维数 D 大于 4 时，重正化群理论就化为朗道的平均场理论。我们从第六章知道，在四维以上空间中，平均场理论是正确的。空间维数正好等于 4 时，平均场理论基本上正确，但要加一点小小的修正。因此，可以说平均场理论乃是重正化群理论的“经典极限”和零级近似。临界点附近，各种尺度的涨落都重要。在平均场理论中以平均的内场代替一切其他粒子的相互作用，不管距离远近都同样对待，当然无从考虑不同尺度的涨落。在重正化变换中我们也要进行平均，但那是逐步在元胞范围内实现的，小尺度的涨落终于留下痕迹，表现为有效相互作用不等于原来的相互作用。空间维数越高，邻居的数目增加愈快，平均场理论就比较正确，这是可以理解的。但为什么“边界维数”正好是 4 呢？我们现在还不能给出很直观的解释，要留待下一章再作讨论。

既然 $D=4$ 时重正化群理论的结果与平均场理论一样，D 稍许偏离 4 时差别也该不大吧？！正是基于这个简单的想法，威尔孙和他的朋友费歇尔把$\varepsilon=4-D$ 取作小参数，发展了一套很不寻常的计算临界指数的办法。他们引入这种展开的文章标题就叫做“3.99 维空间中的临界指数”。这个奇怪的ε展开在 20 世纪 70 年代初成了轰动一时的新闻，吸引了不少科学家从事研究。不久就有人把威尔孙最初的算法纳入比较标准的场论形式，原则上可以一步一步地算到ε的高级项。如果说，算到ε一级需要三小时，算到ε二级要用三天，算到ε三级要三个月，那算到ε四级就必须若干个有经验的“人年”，还要采用特殊的专门技巧。为了计算更精确的临界指数，最近人们计算到了ε的七级。我们显然不可能去介绍这些复杂的计算，却不妨欣赏一些最终公式，看看重正化群理论怎样具体修正了平均场的结果。

我们已经反复见过六个临界指数的定义和数值。现在写出它们到ε一级的展开式，平均场理论的数值是展开的第一项

$$\alpha=0-\frac{(n-4)\varepsilon}{2(n+8)} \qquad \beta=\frac{1}{2}-\frac{3\varepsilon}{2(n+8)}$$

$$\gamma=1+\frac{(n+2)\varepsilon}{2(n+8)} \qquad \delta=3+\varepsilon$$

$$\eta=0+0 \qquad \nu=\frac{1}{2}+\frac{(n+2)\varepsilon}{4(n+8)}$$

η 真是个“小”指数，到ε^2项它才不是零。读者可以用这些式子自行验证，第六章中介绍的四个标度律都成立。

理论物理绝不是冥思苦想和自由议论。这里需要的是深刻的物理思想、严密的逻辑推理和艰苦细致的数学运算。为使读者对计算量稍有感受，我们写出临界指数 ν 的倒数准到 ε^4 的全部展开式

$$\frac{1}{\nu}=2-\frac{(n+2)\varepsilon}{n+8}-\frac{n+2}{2(n+8)^3}(13n+44)\varepsilon^2-\frac{(n+2)\varepsilon^3}{8(n+8)^5}[-3n^3$$
$$+452n^2+2672n+5312-96\zeta(3)(n+8)(5n+22)]$$
$$-\frac{(n+2)\varepsilon^4}{32(n+8)^7}[-3n^5-398n^4+12\,900n^3+81\,552n^2$$
$$+219\,968n+357\,120+1280\zeta(5)(n+8)^2(2n^2+55n+186)$$
$$-288\zeta(4)(n+8)^3(5n+22)-16\zeta(3)(n+8)(3n^4-194n^3$$
$$+148n^2+9472n+19\,488)]$$

为了得到这个结果，需要计算四十多个积分，其中多半是高达二十重的积分！式中出现的ζ（3）等等符号，是黎曼函数的值。

现实的三维空间，相当于ε＝1，展开参数已经不“小”。有意

思的是，准到ϵ一级，对$n=1$取$\epsilon=1$得

$$\gamma = 1.167$$

准到ϵ^2级得

$$\gamma = 1.244$$

已和实验值及伊辛模型高温级数展开的结果非常接近。外推到$\epsilon \to 1$，仍然得到相当满意的结果，这往往是“好”理论才具有的标志。重正化群理论确实抓住了连续相变的本质。

但是，事情并不这么简单。算到ϵ的三级和四级后，结果并不是改进、而是变坏了。ϵ展开不导致收敛的级数，而只是一种“渐近”展开。对于给定的ϵ，有一个“最佳”阶数，到此截断，恰到好处，绝不是项数越多越好。这样的例子在物理学中屡见不鲜。采用专门对付发散级数的种种办法，人们显著地改进了最终求得的数值结果。

相变理论中除了$\epsilon=4-D$这个不寻常的展开参数外，还利用了其他一些古怪的小参数。内部自由度数目$n\to\infty$，是准确可解的球模型。以它作为零级近似，取$1/n$为小参数，可以发展另一套级数。连续对称下$D\leqslant 2$时没有相变，或者说$T_c=0\mathrm{K}$。如果空间维数稍高于2，T_c也应很小，可以当作小参数，这就是$\epsilon'=D-2$展开。ϵ展开和ϵ'展开都涉及了非整数的空间维数，我们在下一章中再介绍。

这些奇特的小参数展开，曾是物理学家们在碰到“硬骨头”时施出的“怪招”。经过实践检验，理解了它们的物理意义之后，人们也就逐渐将其纳入常规武库，见怪不怪了。

当前对于临界指数的了解，可以用D-n平面上的“等临界指数线”来综合。图7.7画出了序参量临界指数β的等值线。横坐标是空间维数D，纵坐标是内部自由度数目n。沿着上、下、右三条边界，β的数值是已知的。空间维数$D\geqslant 4$时，根据平均场理论$\beta=1/2$。$n\to\infty$时，球模型在$2<D<4$之间的准确结果也是$\beta=1/2$。还有一条$n=-2$的水平线，对应本书中没有讨论过的高斯模型。这里准确结果是$\beta=(D-2)/4$。个别内部点上，如$D=2$，$n=1$，已知伊辛模型

的结果是 $\beta = 1/8$。图中其余数值，是用重正化群方法计算出来的。空间维数 $D = 3$ 时，n 从 1 到 3 区间内 β 的数值都离 1/3 不远。

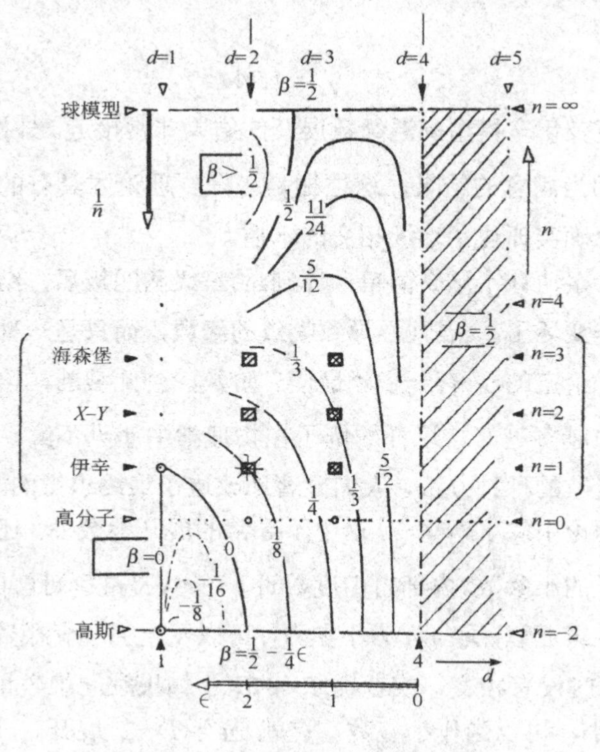

图 7.7 等 β 值曲线

对于其他的临界指数，也可以画出类似的等值线。我们不再一一列举。

重正化群理论的实验验证

三维情形下临界指数的理论数值主要来自高温级数展开和重正化群理论计算，这两方面的计算工作一直在不断发展中。表 7.1 第一列给出了伊辛模型高温级数展开 2002 年的最新计算结果。伊辛临界指数重正化群计算的最新结果是 1998 年的七圈微扰理论，利用发散级数的求和技巧得出临界指数的精确估值，一并列在表 7.1 中。

表 7.1　三维伊辛模型的临界指数

指数	级数展开	重正化群
α	0.109 6±0.00 05	0.109±0.004
β	0.326 53±0.000 1	0.325 8±0.001 4
γ	1.237 3±0.000 2	1.239 6±0.001 3
ν	0.630 12±0.000 16	0.630 4±0.00 13
η	0.036 39±0.000 15	0.033 5±0.002 5

将表中两列对比，在误差范围内，高温级数展开与重正化群的结果完全吻合。而历史上情况不是这样的。它们的差别曾超出了各自的误差限。与此有关的是，重正化群的计算结果满足显含空间维数 D 的"超"标度律，例如 $2-\alpha=D\nu$ 而级数展开解并不准确地满足这类关系。展到更高阶以后，与重正化群的结果就非常接近了，最新的级数展开已计算到了 25 阶。

除了上面两种方法以外，最近人们还利用格点模型的蒙特卡罗计算机模拟和费歇尔提出的有限尺度标度性来确定临界指数。我们将在第十章介绍有限尺度标度性。对于伊辛普适类，1999 年确定了临界指数 $\nu=0.6298$（5）和 $\eta=0.0366$（8）。它们与高温级数展开和重正化群的结果吻合。

理论是否正确，最后还得由实践来检验。对于一般的临界现象实验，由于受到实验样品的纯度、重力引起的密度梯度等因素的影响，实验精度不足以来准确地检验临界指数。液氦从普通液体到超流液体相变实验的精度可以比普通实验提高两个数量级，因此液氦实验是目前检验重正化群理论的主要实验手段，世界上许多著名的实验小组对此进行了多年的系统研究。重力会引起实验样品中形成压强梯度，这样在样品中不可能真正地、均匀地逼近临界点。为了消除这一影响、提高实验精度，在美国航天局的支持下，人们通过航天飞机将实验在太空中的微重力条件下进行。目前，最精确地被实验测量的临界指数是

$$\alpha=-0.0127\pm0.0003$$

最精确的重正化群理论结果为

$$\alpha = -0.011 \pm 0.004$$

在误差范围内，理论与实验值一致，但实验的精度比重正化群理论的精度要高一个量级。现在，理论方面还在努力，希望能进一步提高精度，从而更精确地检验重正化群这一非常基本的理论。

理论与实验的比较，不同理论方法的争议，现在已经达到如此细微的程度。回想 20 世纪 60 年代中期，平均场理论遇到的挑战是诸如 1/2 与 1/3 的差别。可见我们对连续相变的认识真是大为进步了。

第八章 空间维数的意义

在这本书里，我们已经多次看到空间维数的重要意义。在一维空间里几乎不可能发生相变，二维空间里的相变性质比较特别。有些统计模型在二维情形下可以严格地解出来，在三维空间中却是至今攻不下的难题。为解释三维空间中的相变而提出的平均场理论，到四维以上空间才是准确的。为了得到可与实验对比的临界指数，还得用重正化群技术从四维空间中慢慢地降下来，其中就要出现三维和四维之间的计算，遇到非整数的空间维数。看来我们对于空间维数的认识还应当深化，而且要学会定义连续变化的空间维数。

涨落和空间维数的关系

第五章中曾经讲到，伊辛在1925年严格解出了最简单的一维统计模型，发现没有相变。后来有人证明，这其实是一条普遍规律：对于只有短程相互作用的系统，一维情况下不存在相变。这是因为一维情形下相互作用只能沿一条线传播，空间任何一点发生的涨落都要破坏已有的秩序，最后只能形成一个均匀的无序相。

这个证明的大意如下。设想有一条铁磁链。绝对零度时磁矩全部按同一个方向排列。温度稍大于零时会出现一些反向排列的段落（这就是涨落！），只有两个紧靠着的反向磁矩才使能量上升J（这里体现了短程相互作用）。假定N个磁矩中有m个这种反向的界面，

它们带来的能量是 $\Delta E = mJ$。

另一方面，m 个界面在 N 个磁矩中有 C_m^N 种排列方式，按照第一章中的玻耳兹曼公式，这给出附加熵

$$\Delta S = k\ln C_m^N = k\ln\frac{N!}{(N-m)!\,m!}$$

于是自由能的变化是

$$\Delta F = \Delta E - T\Delta S = mJ - kT\ln\frac{N!}{(N-m)!\,m!}$$

由于 N 和 m 都是远大于 1 的数，可以用斯特令公式

$$\ln(N!) = N\ln N - N$$

把上式写成

$$\Delta F = mJ - kT\left[N\ln N - (N-m)\ln(N-m) - m\ln m\right]$$

为了使自由能达到最小值，m 应使得

$$\frac{\partial \Delta F}{\partial m} = 0$$

但是，当 $m \ll N$ 时，

$$\frac{\partial \Delta F}{\partial m} = J - kT\ln\frac{N-m}{m} \simeq J - kT\ln\frac{N}{m} < 0$$

于是 ΔF 随着 m 的增加而不断减少。界面的数目愈多，自由能愈低，这证明不能存在明确分开的两个相。

涨落的作用在离散对称和连续对称两种情形下是很不相同的。取一个边长为 L 的 D 维晶格（图 8.1）。离散对称下磁矩只有几种可能的取向，例如+－两种。当沿某一个方向出现磁矩反向的界面时，与磁矩完全平行的能量最低状态相比，增加了表面能

$$\Delta E \propto JL^{D-1}$$

其中 L^{D-1} 是界面的面积或反向磁矩对的数目。当 $L\to\infty$ 时，只要 $D>1$ 就有 $\Delta E\to\infty$。它不能像前面那样，靠熵的增加补偿（熵的增加比例于 $\ln L$ 之类的函数，它追不上幂函数 L^{D-1}）。这相当于有一个无穷高的势垒，它抑制了涨落的作用，使之不能再破坏长程序。

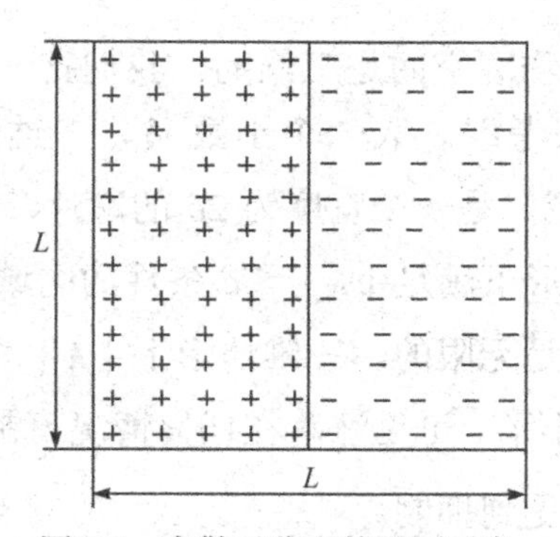

图 8.1　离散对称下的界面示意

连续对称的情形就很不一样了。这时磁矩的取向可以连续地变化（图 8.2）。假定晶体左右两端面之间磁矩方向差一个有限的θ角。这个角度变化分配到 L 层上，每层只改变θ/L。和$\theta=0$ 的平行状态相比，能量增加 $J\left(1-\cos\theta/L\right)L^{D-1}$。然而每一层都有这么大的增量，于是

$$\Delta E \propto J\left(1-\cos\frac{\theta}{L}\right)L^{D-1}\cdot L \propto JL^{D-2}$$

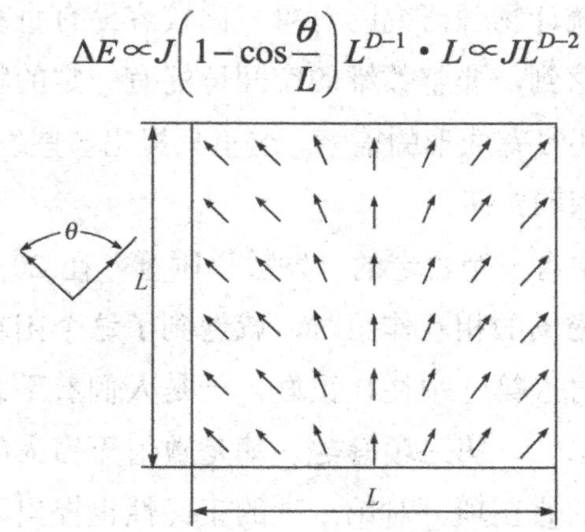

图 8.2　连续对称下的序参量变化

只有 $D>2$ 时才会出现无穷高的势垒。因此，连续对称情形下 $D=2$ 是一个边界，只有空间维数大于 2，才能存在长程序和不同的相。

涨落和维数的关系还可以稍换一个角度看。在第四章中讲过，临界点附近的涨落是一种没有能隙的长波元激发。长波对应波矢 $k\to 0$ 的情形，因此可以在波矢 k 的空间中看一看 k 很小的波矢

权重有多大。由于物理空间是三维的，我们把一维和二维的波矢空间都扩大到三维来考虑。取一个小数 δ。一维情形下满足长波条件 $|k_z|\leqslant\delta$ 的区域，是一个宽度为 2δ 的薄片，沿 kx、ky 方向都伸向无穷远。二维情形下满足 $|\boldsymbol{k}|\leqslant\delta$ 条件的区域，是半径为 δ 的圆柱，只有一个方向是无限的。三维情形下 $|\boldsymbol{k}|\leqslant\delta$ 则是一个半径为 δ 的球，权重就更小了。可见涨落在任何情况下都存在，但空间维数越高，它的作用越受到抑制。

理论物理怎样“钻”进了非整数维空间

20 世纪 70 年代初，理论物理学从两个方面“钻”进了非整数维的空间。一方面是基本粒子和量子场论，一方面是相变理论。两方面的情况有许多共同之处，最初都是作为一种克服困难的数学技巧引入的。由于统计物理研究的对象，比较容易有直观的类比，在相变理论中开始感到，非整数维的空间可能有一定的物理意义。这是理论物理学中还没有成形的篇章。这里只提出一些发人遐想的问题，留待读者去发挥和钻研。

量子场论中有一个古老的“发散”困难。在 20 世纪 30 年代初研究电子和电磁场的相互作用时，就遇到了这个困难。用微扰论计算许多物理量时，第一项往往很好，于是人们着手去计算下面的修正项。然而，第二、第三项等等，却是数值无穷大的发散积分。不仅求不出有限的修正项，对第一项的正确性也提出了怀疑。这个困难把人们折磨了十几年，直到 20 世纪 40 年代末才学会了一套从无穷大中提取正确物理结果的技术。从表面上看，这是使用大学一年级数学教科书中认为不确定的关系，诸如$\frac{\infty}{\infty}$，$\infty-\infty$之类。然而，那结果却十分美妙。在量子电动力学，即电子和电磁场相互作用情形下，理论和实验的符合已经达到小数点后第六、七位，使人们深信这套办法反映了真理。这里甚至于出现了一个相反的问题：量子电动力学为什么与实验这样符合，反倒应当有所解释了。

于是，理论物理学家们对待∞的心理也发生了变化。过去害怕∞，现在欢迎∞。处理∞的办法也花样翻新，发明了好几套，通称之为重正化。重正化群的概念也是从这里提出来的。各种重正化的办法，用起来略有差别。量子场论中有一些基本要求，例如，相对论不变性，等等。有些重正化的办法用起来不那么容易。后来又提出了“规范不变性”的要求，几乎一下子难住了当时所有的重正化技术。“车到山前必有路”，1972 年有几个人同时提出了一种实质上很简单的想法。

考察一个四维空间里上限无穷的积分

$$\iiiint_0^\infty \frac{d^4 p}{(p^2+m^2)^2}$$

其中 $p^2=x^2+y^2+z^2+u^2$，$d^4p=\mathrm{d}x\mathrm{d}y\mathrm{d}z\mathrm{d}u$。这个积分算出来大体上是 ln（∞），“发散”了。但是，同样的积分在三维空间里计算

$$\iiint_0^\infty \frac{d^3 p}{(p^2+m^2)^2}$$

其中 $p^2=x^2+y^2+z^2$，$d^3p=\mathrm{d}x\mathrm{d}y\mathrm{d}z$，就没有什么毛病。

我们看到，在∞远处发散的积分，只要降低积分空间的维数，性质就可以变好。把这个事实变成一条规则：任何发散积分，先拿到任意的 D 维空间中去算，写成

$$\int \frac{d^D p}{(p^2+m^2)^2}$$

只要 D 比较小，许多这类积分都不发散，而且可以算出来，结果通过含有 D 的一些特殊函数（Γ 函数）表示。D 恢复到原来的值时，Γ 函数往往又发散了。但是积分已经算完，而对 Γ 函数的奇异性早有很好的了解。只要扔掉这些发散项，剩下的结果就是好的——事情就是这样简单。

相变理论中也遇到了类似的情形。平均场理论不是基本上可用吗，那能不能严格按照平均场理论的精神，计算下一个修正项呢？

认真作一下这个计算，结果与20世纪30年代的量子电动力学很像：修正项是发散积分！但这里事情倒过来了，毛病不是出在积分的上限，而是出在积分下限接近0的地方。而且，积分在三维空间发散，四维以上的空间反倒好了。

量子场论中通常对动量p积分。电子的动量p和“波长”λ之间存在着著名的德布罗意关系

$$p=\frac{\hbar}{\lambda}$$

$\hbar$是普朗克常数。$p\to\infty$时的发散对应$\lambda\to 0$，即波长很小的“紫外”极限，故称为“紫外发散”。物理上很清楚，紫外发散是由于忽略了极小尺度上的物质结构引起的。

相变理论中实质上是对涨落波的波矢K积分，它和波长λ的关系是

$$K=1/\lambda$$

于是$K\to 0$的发散对应$\lambda\to\infty$，即长波“红外”极限，故称为“红外发散”。红外发散是由于没有正确处理临界点附近尺度很大的关联或花斑所引起，这在物理上也是清楚的。

相变理论中的作法，是取在四维空间中成立的平均场理论做出发点，然后用$\varepsilon=4-D$作小参数，对ε展开。ε展开的计算结果，已经在第七章中介绍过。对于连续对称破缺的相变，$D=2$时没有长程序，没有普通意义下的相变。可以认为，相变应在空间维数D稍大于2时出现，由此去构造另一个小参数$\varepsilon=D-2$。这两种情形都涉及非整数的，连续变化的空间维数。现在我们就来看看如何定义这种不零不整的空间维数。

连续变化的空间维数

其实，数学家早就为我们准备了必要的数学概念。先想一想我们怎样在日常生活中判断一个几何对象的维数。取一个正方

形，把它的每个边长放大 3 倍，所得到的图形恰好等于原来的 9 倍（图 8.3（a））

$$3^2 = 9$$

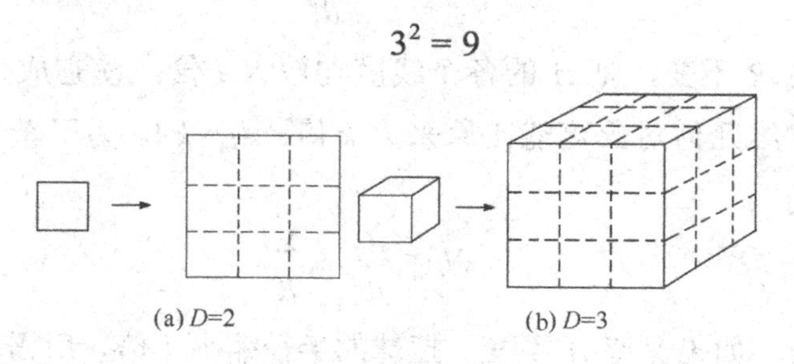

图 8.3　图形的维数

于是我们说，这个图形是 2 维的。类似地，取一个立方体，把每个边长放大 3 倍，就会得到 27 个原来的立方体（图 8.3（b））。

$$3^3 = 27$$

这是因为立方体是三维的。

一般情形下，把一个 d 维几何对象每一维的尺寸都放大 l 倍，我们就得到 k 个原来的几何对象。这三个数的关系是

$$l^d = k$$

取对数得到

$$d = \frac{\ln k}{\ln l}$$

这个式子已经可以用来定义非整数的空间维数了。这就是 1919 年豪斯道夫引入的维数概念。在本书中用 d 表示豪斯道夫维数，用 D 表示基本空间的维数。

我们稍稍换一个角度来讨论豪斯道夫维数的定义。维数与测量有密切关系。为了测定一块面积 S，可用半径为 R 的小圆来覆盖它，所需小圆的数目是

$$N = S / \pi R^2$$

R 愈小，测得愈准，所需小圆的数目总是比例于 S/R^2。同样，用半径为 R 的小球来填满一块体积 V，所需小球的数目比例于 V/R^3。

一般情形下，用高维球来覆盖一个 d 维的几何对象 A，所需球数

大致是

$$N \propto \frac{A}{R^d}$$

如果保持 R 不变，把 A 的各个线度均放大 l 倍，使它成为 A_l，则 A_l 作为 d 维几何对象可能比原来大 k 倍：$A_l = kA$。为了覆盖 A_l，所需球数为

$$N_l \propto \frac{A_l}{R^d} = \frac{kA}{R^d}$$

另一方面，如果保持 A 不变，把球的半径缩小 l 倍，所需球数目自然也是

$$N_l \propto \frac{A}{\left(\frac{R}{l}\right)^d} = \frac{l^d A}{R^d}$$

比较这两个式了，得到 $l^d = k$，于是回到前面豪斯道夫维数的定义。

三类几何对象的豪斯道夫维数

前面给出的豪斯道夫维数的定义，可以这样表述：如果一个几何对象的线度放大 l 倍，它本身就成为原来的 k 倍，这个对象的维数就是 $d = \ln k/\ln l$。我们用这个定义来考察三类几何对象。

第一类对象是普通的点、线、面、体。用豪斯道夫的定义得出的维数仍然是 0、1、2、3。这类规整的几何对象有一个特点：用低一维的尺度来量，得到无穷大；用高一维的尺度来量，得到零；只有用维数合适的尺度来量，才得到一个有限的数。例如，我们可以说

$$一个二维图形的\begin{cases}长度 = \infty \\ 面积 = 5 \\ 体积 = 0\end{cases}$$

第二类对象是具有无穷多自相似内部层次的几何图形。

我们先看一个简单的例子。取（0，1）线段三等分，舍去中段。

剩下的两段各自再三等分，舍去中段。如此无限分割下去，最后剩下的部分所构成集合的维数是多少（图 8.4）？取（0，1/3）的一段为考虑对象，把尺度放大 $l=3$ 倍，它又充满了（0，1）区间，其中（0，1/3）和（2/3，1）是与原来完全相同的两套对象，即 $k=2$。于是

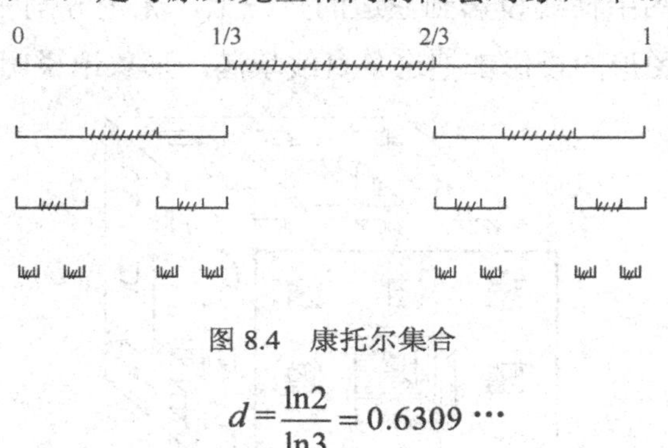

图 8.4　康托尔集合

$$d=\frac{\ln 2}{\ln 3}=0.6309\cdots$$

这个例子叫“康托尔集合”，它的维数介乎 0（点）和 1（线）之间，不是一个整数。

我们再看一个例子：把一个立方体的每个面等分成 9 块，挖掉对应中间方形的体积。剩下的小立方体再如法炮制。这样无穷重复下去，最后剩下的是什么东西？它的名字叫谢尔宾斯基海绵(图 8.5)。我们看到

$$\text{谢尔宾斯基海绵的}\begin{cases}\text{面积}=\infty\\ \text{体积}=0\end{cases}$$

看来，只有使用介于 2 和 3 之间的非整数维数，才能测出一个有限的“体积”。这个维数很容易定出来。取图 8.5 左下角的一个边长为 1/3 的立方体，把尺寸放大 $l=3$ 倍，得到整个图 8.5，其中包含了 $k=2\times 8+4$ 个边长为 1/3 的立方体。于是谢尔宾斯基海绵的豪斯道夫维数是

$$d=\frac{\ln 20}{\ln 3}=2.7268\cdots$$

其实，谢尔宾斯基海绵的表面上，许多直线（例如对角线）都是康托尔集合。

豪斯道夫维数也可以是整数。考虑图 8.6 中的正方形。把它的每

边 4 等分后得 16 个正方形，只保留角上的 4 个，然后继续施行同一手续。如此无穷分割下去，不难看出最后剩下的几何对象的维数是

$$d=\frac{\ln 4}{\ln 4}=1$$

把正方形按图中横线投影到左边的直线上，无论分割多少次，保留下来的几何图形的投影都把这条直线填满，形象地说明 $d=1$。

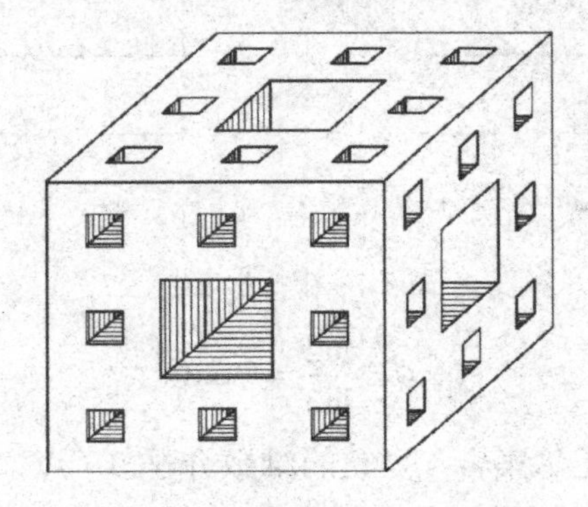

图 8.5 谢尔宾斯基海绵

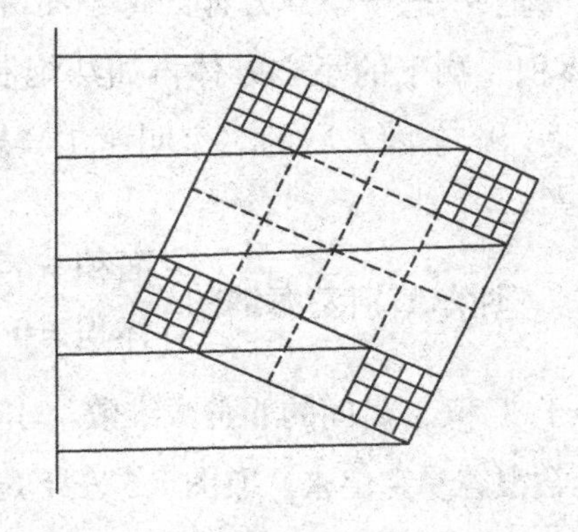

图 8.6 $d=1$ 的几何图形

无穷嵌套的、具有自相似内部层次的几何图形和相变理论有密切关系。第六章中介绍的从格点问题到元胞问题的变换，即连续相变的卡丹诺夫图像，也有这类几何背景。事实上重正化群是参数空间中的自相似变换半群。第七章中曾经只用一个有关参数推导临界指数 ν。那里得到的

$$\frac{l}{\nu}=\frac{\ln\lambda_b}{\ln b}$$

就很像豪斯道夫维数的定义。

第三类几何对象和统计物理关系更为密切，这就是具有自相似分布的随机过程。大家都知道液体中悬浮微粒的布朗运动。法国物理学家皮兰曾经在20世纪初对布朗运动进行了多年细心观测。他在显微镜下盯住一个布朗粒子，每隔30秒钟记录一次粒子的坐标，然后研究这些数据的统计性质。假定皮兰改为每三秒钟记录一次粒子的坐标，所测得的位移量的数值一般说会小一些。但如果把尺度适当放大，所得的分布应与原先记录的相同。

纯粹随机的布朗运动，又称为粒子的无规行走，是一种具有自相似分布的随机过程。布朗粒子的坐标是连续变化的，但是它在任一时刻的速度却是偶然的，完全不能从此一时刻的位置确定地预言下一时刻的坐标。大学一年级的高等数学中有时提到一类处处连续、处处无导数的函数（维尔斯特拉斯函数）。布朗粒子的轨迹就是这类函数的一个实例。我们要问，作为一个几何对象，布朗粒子轨迹的空间维数是多少？

在具体计算之前，我们先解释一下有人可能提出的问题：如果皮兰改为0.3秒，0.03秒，乃至3×10^{-18}秒作一次测量，粒子的分布还是自相似的吗？物理学中任何“无穷”的过程都是相对而言的。一个系统在一定条件下允许作几百次相似变换而基本不变，就可以认为具有自相似变换群；一毫米的晶体有时可以看成无穷长的有完整周期的晶格来研究，因为其中总有上百万个整齐排列的元胞；在许多统计物理问题中阿伏伽德罗数N_A可以当作无穷大。这些例子中，“无限”比“有限”更好地反映客观世界。然而，在远离相变点处套用卡丹诺夫图像，或在考虑晶体表面效应时还要坚持无穷晶格的概念，那就不合适了。

皮兰盯住一个布朗粒子

布朗粒子的轨迹是几维的?

力学质点的运动轨迹是一维曲线。随机行走的布朗粒子描绘出什么样的轨迹呢?

首先,需要给布朗粒子的运动轨迹定义一个尺寸。单个的步子是随机的,正反两个方向都具有同样可能性。取粒子的某一时刻的位置作为坐标原点,计算粒子离开原点的平均距离 $\langle \boldsymbol{r} \rangle$ 。这个平均值只能等于零。如果取位置矢量 $\boldsymbol{r}$ 的平方再平均,正反方向不再互相抵消,就可能得到不是零的结果。于是可以取 $\langle \boldsymbol{r}^2 \rangle$ 作为布朗粒子轨迹的尺寸。它相当于前面讲到的几何对象 A。

我们在 D 维空间中看一个随机行走的布朗粒子。它每次向任意方向走相等的距离 a,问行走 N 次后离开原点的均方距离是多少?

根据推广到 D 维空间中的商高定理,矢量的平方等于它在各个坐标轴上投影的平方之和

$$\boldsymbol{r}^2 = x_1^2 + x_2^2 + \cdots + x_D^2$$

这里我们没有限于具体的一、二、三维空间,而是讨论一般的 D 维空间中的无规行走。x_i 是矢量 $\boldsymbol{r}$ 在第 $\boldsymbol{i}$ 个坐标轴上的投影。对于无规行走,各个轴上投影的机会均等,于是取平均后有

$$\langle \boldsymbol{r}^2 \rangle = \langle x_1^2 \rangle + \langle x_2^2 \rangle + \cdots + \langle x_D^2 \rangle = D \langle x_1^2 \rangle$$

由于各个坐标轴上的平均值 $\langle x_i^2 \rangle$ 彼此相等,可以只计算其中一个,例如 $\langle x_1^2 \rangle$ 。将 N 次对 x_1 轴的投影累加起来,得到(图 8.7)

$$x_1 = a\sum_{k=1}^{N}\cos\theta_k$$

这里 θ_k 是第 k 步行走方向和 x_1 轴之间的夹角。这是一个完全随机的数,前后两次投影并没有关联。于是

$$\langle x_1^2 \rangle = a^2\sum_{k=1}^{N}\langle \cos^2\theta_k \rangle + a^2\sum_{\substack{k=1 \\ k \neq j}}^{N}\sum_{j=1}^{N}\langle \cos\theta_k\cos\theta_j \rangle$$

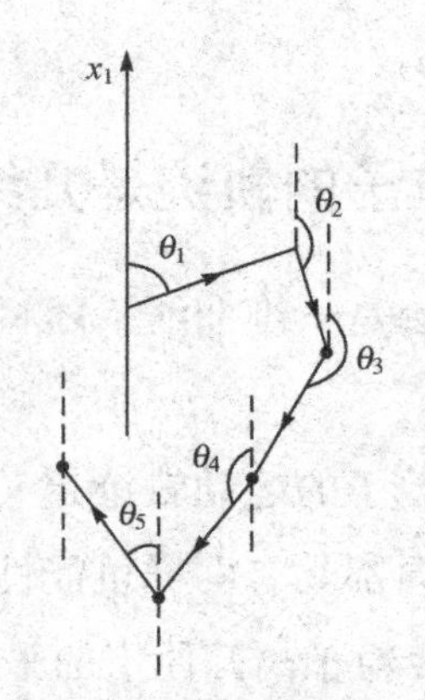

图 8.7　无规行走的投影

这里第二项的平均值

$$\begin{aligned}\langle\cos\theta_k\cos\theta_j\rangle &= \langle\cos\theta_k\rangle\ \langle\cos\theta_j\rangle \\ &= 0 \qquad k\neq j\end{aligned}$$

因为第 k 次投影与第 j 次无关，每次的平均都因正反方向机会相等而为零。同样由于前后各次投影没有关联，第一项可以换成任意角度 θ 余弦均方的 N 倍

$$\langle x_1^2\rangle = Na^2\langle\cos^2\theta\rangle$$

为计算 $\langle\cos^2\theta\rangle$，在 D 维空间中随机地取一个单位矢量 $\boldsymbol{n}$，再对它用一次商高定理

$$\langle\boldsymbol{n}^2\rangle = \langle n_1^2\rangle + \langle n_2^2\rangle + \cdots + \langle n_D^2\rangle = D\langle n_1^2\rangle = 1$$

可以认为，$\cos\theta$就是 $\boldsymbol{n}$ 和 x_1 轴的夹角，于是

$$n_1 = \cos\theta,\quad \langle\cos^2\theta\rangle = \frac{1}{D}$$

把这些结果依次代回去，得到布朗运动的均方距离是

$$\langle\boldsymbol{r}^2\rangle = D\langle x_1^2\rangle = NDa^2\langle\cos^2\theta\rangle = Na^2$$

请注意，这个结果与空间维数 D 没有关系。把它写成

$$N = \frac{\langle\boldsymbol{r}^2\rangle}{a^2}$$

再和前面豪斯道夫维数的第二种定义

$$N \propto \frac{A}{R^d}$$

比较，看出完全随机地无规行走粒子的轨迹，具有豪斯道夫维数 $d_{RW}=2$，（RW 是英文随机行走 Random Walk 的缩写），也就是两倍于力学运动轨迹的维数。

布朗运动和平均场理论有深刻的内在联系。我们已经说过，平均场理论是一种过分普适的理论，它适用于任意的空间维数 D。实际上，维数 D 在平均场理论中根本不出现。刚才我们又看到，随机行走的尺寸也和空间维数 D 没有关系。

设想一个统计模型，例如第五章中介绍的伊辛模型。这个模型的理论结果很强地依赖于空间维数。因此，不依赖于空间维数的平均场理论只能是对它的一种近似。重正化群技术可以给出超越平均场理论的结果，办法之一就是第七章中介绍的$\epsilon=4-D$ 展开。其实，原则上还可以用其他办法来改进平均场近似。例如，将物理量按空间维数的倒数展开

$$\text{物理量}=\text{平均场近似}+\frac{a}{D}+\frac{b}{D^2}+\cdots$$

其中与维数无关的第一项就是平均场理论的结果，而后面的项是对平均场的修正。1959 年以来，确实有人对伊辛模型作过这类计算。

我们要问，什么是对布朗运动的修正呢？纯粹的布朗运动是完全随机的无规行走，粒子对走过的位置完全没有记忆。如果规定，凡是走过的位置就不准再经过，这相当于排除轨迹的自交。这就要求无规行走的粒子对于过去的行为有一定的记忆。有记忆的无规行走，相当于超越平均场的相变理论，其性质将强烈依赖于空间维数。

这里要强调指出，统计模型和无规行走的关系，平均场理论和布朗运动的对应，目前只是一种有深刻启发意义的类比，其物理和数学含义并没有完全阐明。下面我们利用这一类比，对于空间维数

和相变现象的关系，再取得一点感性认识。

上边界维数和下边界维数

相变现象中有两个边界维数：高于四维的空间是平淡无奇的，平均场理论就够用了；二维和低于二维的空间也是缺乏兴味的，这里根本不允许有相变存在（我们指的是连续对称产生破缺的相变）。我们生活的三维空间巧妙地夹在两个边界维数之间，既允许有丰富多彩的相变现象存在，也需要远非平庸的理论解释。

怎样理解这两个边界维数呢？

用无规行走的语言说，如果空间的维数足够高，有广阔天地供粒子游荡，粒子的轨迹实际上永不相交，那就可以作为纯随机的、没有记忆效应的过程考虑。另一方面，如果空间维数太低，容纳不下完全随机的运动轨迹，也应当另作研究。

我们把这些想法稍为数学化一点。在 D 维空间中考察两个几何对象 A 和 B，它们的维数分别是 d_A 和 d_B。两个对象的相交部分记作 $A\cap B$，其维数记为 $d_{A\cap B}$。这几个维数之间有一个基本的关系式

$$d_{A\cap B}=d_A+d_B-D$$

这个式子的正确性可以用直观的例子来检验。在三维空间中 $D=3$，取 A 为面 $d_A=2$，B 为线，于是

$$d_{A\cap B}=2+1-3=0$$

即线和面交于一点。同样，可以验证，三维空间中面与面交于线，线与线不相交，而二维空间中线与线交于点，等等。这里“相交”与“不相交”都应在概率的意义上理解。例如说“三维空间中面与面交于线”，是指随机地取来两个曲面、随机地放在空间，其相交处是某个曲线。至于把两个完全相同的曲面拿来重合在一起，使它们“交于面”，那是概率为零的事件，可以略而不计。

现在考虑同类几何对象 $A=B$ 的情形

$$d_{A\cap A}=2d_A-D$$

我们要求它们起码交于点，即 $d_{A\cap A}\geqslant 0$，这就限制了基本空间的维数

$$D\leqslant 2d_A$$

另一方面，从物理直观可以看到，同类对象相交部分的维数不能超过其本身的维数，即

$$d_{A\cap A}\leqslant d_A$$

（两个曲面即使重合，也只能交于面，不会交于体！）把这两个限制合并起来，得到

$$d_A\leqslant D\leqslant 2d_A$$

如果 A 是无规行走，我们已经知道它的豪斯道夫维数

$$d_{\mathrm{RW}}=2$$

于是

$$2\leqslant D\leqslant 4$$

D 恰好夹在本节开头提到的两个边界维数之间。这就是说，D 满足这一条件时，无规行走的轨迹既可放得进基本空间，又会产生交叉。

相变和随机行走的关系，通过内部自由度数目 $n=0$ 的物理系统具体地表现出来。在第四章中讲解序参量时曾提到，高分子溶液对应 $n=0$ 的情形。溶液中蜿蜒卷曲的高分子很像是随机行走粒子的轨迹；高分子链占有的空间不允许被再次占有，恰好对应随机行走中的记忆效应（排除轨迹自交）。前面的讨论说明，当维数 D 夹在 2 和 4 之间时，高分子溶液会表现出超越平均场的行为。如果假定，边界维数是不依赖于内部自由度 n 的“普适性质”，这里得出的两个边界维数也适用于 $n\neq 0$ 的情形。

准确地说，边界维数与相变的类型有关，2 和 4 是最常见的边界维数，包含了前几章中提到的主要普适类。对于破坏离散对称的相变，下边界维数是 1。在相图的二类相变线与其他相变线的交点上，上边界线数是 3。还可能有其他特殊情形，当然都是较为罕见的。我们在此不一一讨论。

第九章
特殊的“双二维”空间

一个时期以来，人们很重视对二维系统的研究，其原因是双重的：一方面是由于一些统计模型在二维准确可解，这些解法虽然不能直接推广到三维，但可以从中得到许多有益的启示；另一方面，因为二维是一种“下边界维数”，具有连续对称的体系在二维和二维以下不能有长程序。对于后面这一点，在前一章中已作了简单介绍。本章中要讲的是一种“双二维”系统，即空间维数 D 和内部自由度数目 n 都等于 2 的特殊情形。这是 20 世纪 70 年代来统计物理中一个非常活跃的领域，这类系统的相变具有许多不寻常的特点。在转到本题以前，先谈谈问题的由来和它的物理背景。

一场争论

事情发生在 1966 年。一家重要的美国物理杂志——《物理评论快报》——差不多同时发表了两篇文章。一篇文章的作者给出了严格的数学证明，在二维空间，具有连续对称的系统不可能有长程序。另一篇文章的作者宣布，从高温级数展开看，这些系统的磁化率有发散，看来有相变。究竟谁是谁非？

事情要追溯到 20 世纪 30 年代，当时有几位物理学家先后提出，具有连续对称的二维系统不会有长程序。具体说，不会有真正的二

谁是谁非

维固体，二维各向同性铁磁体不会有自发磁化等。这里说的“连续对称”，对磁性系统是指磁矩指向，对固体是指空间平移对称。他们的考虑主要基于比较直观的物理图像。二维情况下晶格振动的振幅会随着样品的尺寸增长，使晶格本身不稳定。长期以来，人们对此将信将疑，一直是个悬案。直到1966年，前面提到的文章才给出了严格的数学证明，肯定了过去的猜测。

我们不可能在这里复述他们的证明，但其基本思想却很容易说清楚。在第四章中曾提到，连续对称破缺时，会产生一种没有能隙的“戈尔茨通”元激发，即波矢趋于零时能量也逼近零。正是这种“质量为零”的涨落破坏了长程有序。数学上，这一事实表现为积分

$$\int_0^{\Lambda} \frac{\mathrm{d}^D k}{k^2}$$

在 $D=2$ 时有来自 $k\approx 0$ 区间的对数发散。Λ是波矢的截断因子，大体上是原子间距的倒数。

另一方面，虽然 20 世纪 60 年代的计算机没有现在这样大，但级数展开解中的奇异性也是明显的。因此，关于二维连续对称下有相变的推测也不能轻易否定。出路何在呢？

这两个结果看起来彼此矛盾，实际上不一定互相排斥。通常情况下，人们把相变与长程序联系起来，即相变点以下存在的长程有序在相变点被破坏。会不会发生与破坏长程序无关的相变呢？

许多人研究了这个问题。两位英国物理学家——柯斯特尔列茨和邵勒斯——找到了一个很有意义的答案：当 D 和 n 都等于 2 时，确实会发生一种非常弱的，与破坏长程序无关的相变。现在用这两位作者英文名字的缩写，将这类相变简称为 KT 相变。这样算是初步平息了这场争论。看来，争论的双方各反映了事物的一个侧面。说得更确切一点，宣布有相变的作者只对了一半，因为他们未能区别 $n=2$ 和 $n>2$ 的情形。对 $n>2$，连弱相变也没有。KT 相变的例子我们在后面将会看到。

能实现二维系统吗?

随着实验技术的发展，真正的二维系统正变得越来越普遍。我们举几个简单的例子。

固体表面上的单分子薄膜是 20 世纪 70 年代研究得非常广泛的对象。衬底可以是石墨、玻璃或聚合物等材料。被吸附的物质中研究得最多的是氦、氖、氩、氪等惰性气体。单原子膜本身可能处于气、液、固三相中的一相。作为固态膜时，它们的二维晶格结构与衬底表面的结构是“可公度”或“不可公度”的，就是说，两种元胞尺寸有或没有最小公倍数。如果吸附的是氩、氪等重原子，量子涨落效应不重要，可以看成是经典的液体或固体。对于氦则相反，量子效应非常突出。一般说来，这类单原子膜与衬底的耦合比较强，是研究二维特性的不利因素。但是，氦的超流转变中，序参量，即宏观波函数 ψ 与衬底没有耦合，因而是研究二维相变的很好对象。

二维电子系统是另一类有趣的对象。一种办法是用电容器将电子稳定在液氦的表面上。由于氦的导带很高，电子进不到液体中，但氦的介电常数又不准确地等于 1，有一点镜像吸引力，正好能束缚住电子。这个“漂”在液氦表面上的电子“膜”构成一个二维系统（图 9.1）。已经观察到，这些电子组成三角对称的格子，晶格常数是几千个埃的数量级。

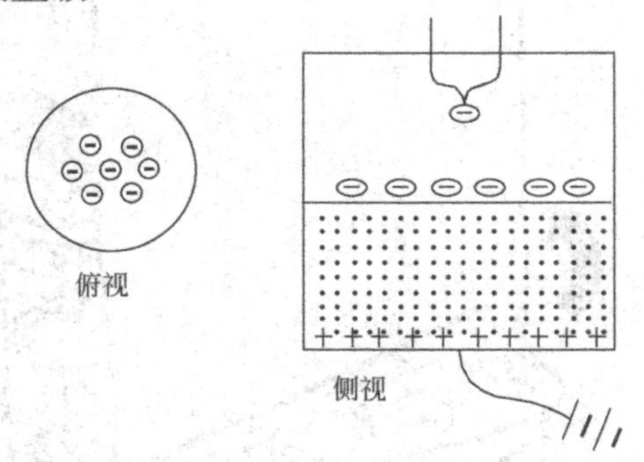

图 9.1 漂在液氦表面的电子膜

另一种办法是利用所谓“金属氧化物半导体场效应晶体管（简称 MOSFET）”中 Si 与 SiO_2 的界面。在非常清洁的硅表面上，长了一层很薄的氧化硅，再做金属电极，加上正偏压（如果用 *P* 型硅的话）。在界面的反向电场中可以形成束缚能级，把电子的运动限制在平面内。这种“反型层”的电导可通过在两端的 n^+区域作电极来观测（图 9.2）。

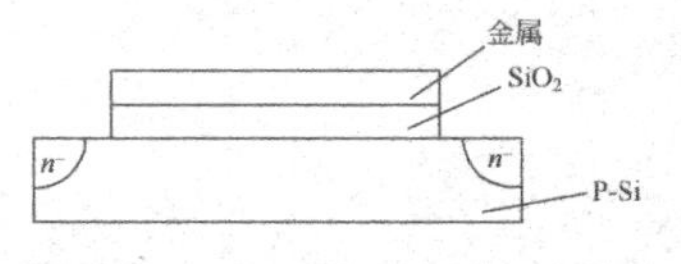

图 9.2 MOSFET 反型层示意

肥皂泡是小朋友都熟悉的对象。肥皂泡究竟能变得多薄呢？最近，有人在实验室中已经做成了只有少数几层分子的“肥皂泡”，用的是一种近晶型液晶材料。图 9.4 是这个肥皂膜的照片（见彩图第一页）。他们把这种几层分子的薄膜“挂”在支架上，进行可见光和 X 射线的散射试验，还居然将一个扭摆“贴”上去，测量了这个超薄膜的切变弹性模量。实验家的手是何等精巧啊！

液晶超薄膜

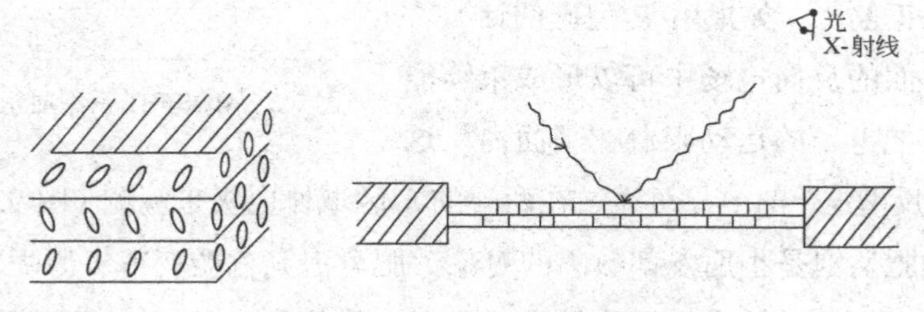

图 9.3　几层分子的液晶膜

还有许多材料也表现出明显的二维特性，如层状化合物，水上的油脂膜，极薄的超导膜等。总之，“二维体系”早已不再是理论家头脑中的虚构，而是实验家手掌中的变革对象了。

相位涨落与准长程序

在第三、四章我们曾经介绍过，超导和超流是一种宏观量子状态，描述这种状态的序参量，也叫宏观波函数，是一个复数，可以写成

$$\psi(x)=\psi_0 e^{i\varphi(x)}$$

φ_0是模，$\varphi(x)$是相位。在复数平面上，$\psi(x)$是一个矢量，φ_0是矢量长度，$\varphi(x)$是它与坐标轴的夹角。复数有实部和虚部，相当于两个独立变量，所以超导和超流的序参量都属于 $n=2$ 的情形。

为了具体起见，我们以超流的液氦薄膜为例。在多种衬底上，第一层和第二层的氦原子形成固体，在上面的才是液体。只要液态膜的厚度远小于关联长度，我们就可以把它近似地看成二维的。由于衬底与序参量没有耦合，在讨论超流态性质时，可以忽略衬底的影响。

如果温度很低，远低于超流转变的 λ 点，序参量绝对值的涨落很小，可以忽略。但是，相位 φ 的涨落很重要，这就是前面说过的“戈尔茨通”模。正是它的存在，破坏了长程序。在低温情形下，液氦的能量可以写成

$$H=\frac{K}{2}\int \mathrm{d}^2\boldsymbol{r}\left|\frac{\mathrm{d}}{\mathrm{d}\boldsymbol{r}}\psi(\boldsymbol{r})\right|^2$$

这里取的是序参量对坐标微商的绝对值。如果序参量的绝对值不随空间位置变化，那么

$$\frac{\mathrm{d}}{\mathrm{d}\boldsymbol{r}}\psi(\boldsymbol{r})=i\psi_0 e^{i\varphi(r)}\frac{\mathrm{d}\varphi}{\mathrm{d}\boldsymbol{r}}$$

超流速度 v_s 与相位 φ 有一个简单的关系

$$v_s=\frac{\hbar}{m}\frac{\mathrm{d}\varphi}{\mathrm{d}\boldsymbol{r}}$$

$\hbar$ 是普朗克常数，m 是氦原子质量。利用这个关系，可把液态氦的能量写成超流部分的动能

$$H=\frac{\rho_s}{2}\int d^2\boldsymbol{r}v_s^2$$

其中超流密度

$$\rho_s=\frac{m^2K\psi_0^2}{\hbar^2}$$

利用这个能量表达式，或叫“有效哈密顿量”，可以算出关联函数

$$\lim_{r\to\infty}G(r)\equiv\lim_{r\to\infty}\langle\psi^*(0)\ \psi(r)\rangle\propto r^{-\eta(T)}$$

临界指数

$$\eta(T)=\frac{m^2kT}{2\pi\rho_s\hbar^2}$$

k是玻耳兹曼常数。

这里有两点特别值得注意。一是关联函数既不表现出长程序，也不是短程序。如果是前者，距离趋向无穷时，关联函数应逼近常数。如果是后者，关联函数应该随距离增大而指数衰减。现在的情形居于二者之间，我们把它称作“准长程序”。严格说来，在整个体系的范围内没有一个明确定义的序参量，因为关联函数随距离增大而衰减。但是，由于它衰减很慢，可以在“宏观小”、“微观大”的范围内定义一个局部序参量。这里的$\psi(\boldsymbol{r})$必须在这个意义上来理解。另一个特点是临界指数η（T）明显地与温度T有关。这也是三维情形下所没有的。

按照一般的设想，在高温、无序的情况下应该只有短程序，即关联函数随距离指数衰减。然而，我们看到，在D与n都等于2的情况，低温下体系具有准长程序。这两者之间如何过度呢？似乎应该通过一种特别的相变。这正好是问题的核心所在。

拓扑性的元激发：涡线

柯斯特尔列茨和邵勒斯的重要贡献在于把拓扑性元激发的概念引入相变研究。这件事有深远的影响。

什么是“拓扑”？这个数学名词指的是在连续变化下保持不变的哪些几何性质。人们常常用皮球来作比喻。皮球可以捏扁或拉长，它的“拓扑”性质不变。但如果在球面挖洞或再粘上“把手”，“拓扑”性质就不同了，因为不能再经过连续变化回到原来的球。我们这里要用到一点非常简单的平面上的拓扑性质。

设想一个完整的平面，上面画一个闭合的曲线，它可以连续地收缩成一个点（图 9.5（a））。如果在平面上挖去一块，而且闭合曲线正好包围住被挖去的空洞，我们就不能把闭合曲线收缩成一个点，同时保持它不越出平面（空洞已不再是平面的一部分了）（图 9.5（b））。我们把前面的平面叫做单连通的，而把后一情形叫做复连通的。

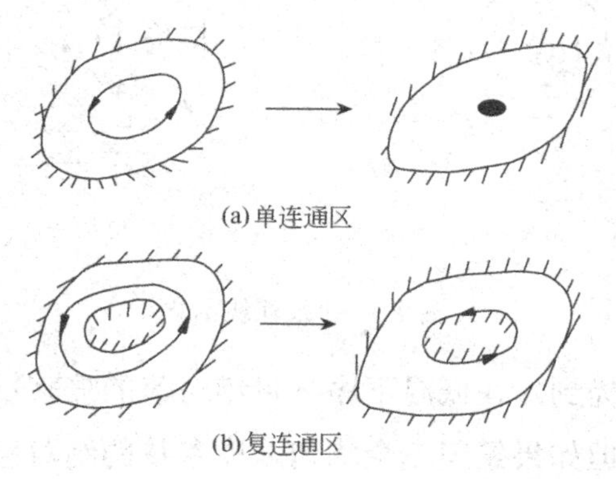

图 9.5　单连通区与复连通区示意

超流体的序参量是一个复数，而且应该是一个单值函数，就是说每个点上有确定的值，但它的相位φ却不完全确定。对于任意正负整数 N（包括零），

$$e^{2\pi N_i}=1$$

所以，相位可以差 2π 的整倍数。

现在考察超流速度沿着一个闭合回路（如半径为 r 的圆周）的积分

$$\oint v_s \cdot \mathrm{d}\boldsymbol{l} = \frac{\hbar}{m}\oint \frac{1}{r}\frac{\mathrm{d}\varphi}{\mathrm{d}\theta}r\mathrm{d}\theta = \frac{2\pi\hbar}{m}N$$

$\mathrm{d}\boldsymbol{l}$ 代表沿圆周的切线矢量元，N 可以是零或正、负整数。通常把 N

称作“涡度”或“拓扑荷”。图 9.6 中分别绘出了 $N=+1$ 和 -1 时相位随空间坐标的变化。相位是用小箭头与坐标轴的夹角来表示的。对于 $N=+1$ 的情形，坐标点逆时针方向转一圈时，小箭头也逆时针转一圈（图 9.6（a））。$N=-1$ 的情形正好相反，当坐标点逆时针方向转一圈时，代表相位角的小箭头顺时针方向转一圈。注意到，超流速度 v_s 正比于相位角对坐标的导数，在 $N=+1$ 时环流线逆时针方向转，而在 $N=-1$ 时顺时针方向转。我们把 $N=+1$ 的情形叫“涡线”，$N=-1$ 的情形叫“反涡线”，这就是本小节标题中的“拓扑性元激发”。

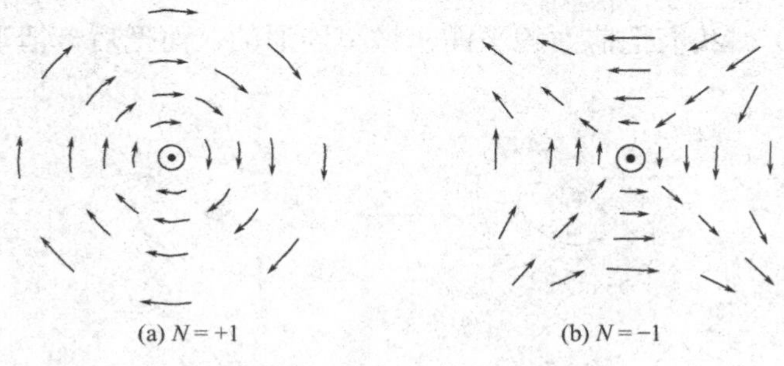

图 9.6　正反涡线示意

前面曾经提到，在低温下序参量绝对值的涨落不重要，关键是相位的涨落。但如果氦膜完全均匀，序参量的绝对值（在局部的意义下）到处一样，相位就完全确定，不会有拓扑性的元激发。如果允许序参量的绝对值有涨落，它在某些点上可能变为零。绝对值为零的复数没有确定的相位，相当于在 ψ 的平面上挖了个洞，因而出现复连通区，可能形成拓扑性的元激发。通常在相变理论中只考虑平面波型的元激发（如自旋波），它们对应相位的小涨落。考虑涡线以后会有什么影响呢？我们在下一节讨论。

能量与熵的竞争

热力学平衡条件下自由能达到极小，这是内能和熵这两个因素竞争的结果。前者代表有序，反映相互作用；后者代表无序，反映热运动。我们先来计算一根孤立涡线的能量（说确切一点，应该叫“涡点”，因为体系是二维的）

$$E=\frac{\rho_s}{2}\int \mathrm{d}^2\boldsymbol{r}\upsilon_s^2=\frac{\rho_s}{2}\frac{\hbar^2}{m^2}2\pi\int_a^R\frac{\mathrm{d}r}{r}=\frac{\pi\rho_s\hbar^2}{m^2}\ln\frac{R}{a}$$

这里 R 是氦膜的半径，a 是涡线的尺寸。

我们看到，随着体系尺寸的增加，涡线的能量按对数趋向无穷。这一点也可从图 9.6 看出，距离涡线中心很远时，相位角取各种不同值，正比于其梯度的超流速度不为零，因而导致总能量发散。

另一方面，涡线中心可以处在不同位置，它的“热力学概率”正比于（R/a）^{2}，因而熵比例于 $k\ln$（R/a）^{2}。

将涡线能量与熵两项合并，得出自由能

$$F=E-TS=\left(\frac{\pi\rho_s\hbar^2}{m^2}-2kT\right)\ln\frac{R}{a}$$

如果温度 $T>T_{KT}=\dfrac{\pi\rho_s\hbar^2}{2m^2k}$，产生单个涡线有利于降低自由能。换句话说，$T_{KT}$ 就是低温下具有准长程序的相开始变得不稳定的转变点。

低温下不会有自由涡线，但可以存在正反涡线的束缚对。从图 9.7 看出，离涡线对很远的地方，相位是一样的，速度等于零，因而总能量有限。KT 相变就是束缚的涡线对开始打散，形成自由涡线的转变。自由涡线的平均距离是一种特征尺度，相当于关联长度，于是由低温相的准长程序变成高温相的短程序。

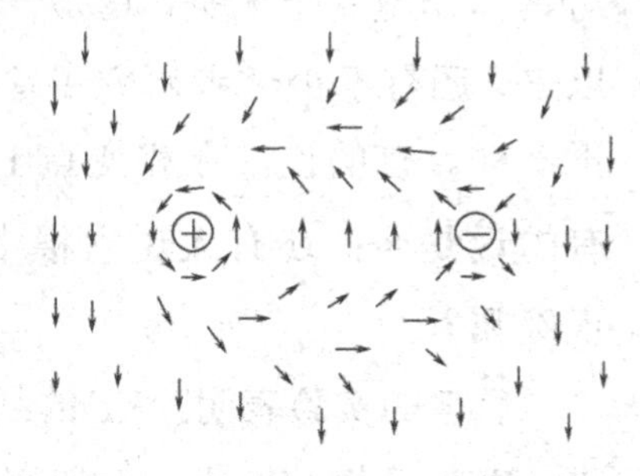

图 9.7　涡线对

KT 相变有两个引人注目的特点。

首先，它是非常弱的相变，不仅热力学势和它的一阶导数连续，它的任意阶导数在相变点上都是连续的。按照厄伦菲斯的相变分类，这应该算是无穷阶的相变。虽然导数都连续，热力学势还是有奇异性的。这句话什么意思呢？利用标度考虑可以证明，吉布斯自由能（即热力学势）的奇异部分反比于关联长度 ξ 的平方，而 ξ 本身在 KT 相变点发散。由高温端逼近临界点时，关联长度

$$\xi \propto e^{\frac{1}{b(T-T_{KT})^{1/2}}}$$

式中 b 是一个常数。注意到，这里 ξ 的发散与通常情况不同，不是按幂次律。直接对温度 T 微分，得出 ξ 的任意阶导数都按指数规律趋向无穷。相应地，自由能的任意阶导数都按负指数趋向于零。这类奇异性通常叫“本征奇点”。

另一个重要的特点是：从低温端逼近相变点时，超流密度 ρ_s 不趋于零，在 KT 相变点上出现有限跃变。这个跃变值与转变温度之比是一个普适常数

$$\frac{\rho_s(T_{KT})}{T_{KT}}=\frac{2m^2k}{\pi\hbar^2}\approx 3.491\times10^{-9}\text{克/厘米}^2\cdot\text{度}$$

或者换一种说法，临界指数 η 在相变点的值

$$\eta\left(T_{KT}\right)=\frac{1}{4}$$

与具体模型完全无关。这是一个很不寻常的结果。20 世纪 70 年代以来，还有不少学者研究了这个问题，他们的结果与 KT 的预言很不一样。有的说，在相变点上 $\eta=4$；有的说，这个数等于 $1/\sqrt{8}$；有的说是 ∞；还有人说它根本不是一个普适常数。究竟谁的结论正确呢？

后来的实验表明，KT 的结果是正确的。有人用很长很薄的聚酯膜，吸附了氦，做成一个扭摆。由于超流的氦不随衬底摆动，转动惯量就小了一点。超流与正常状态下总转动惯量的差恰好正比于超流密度。非常精密的测量（可测出转动惯量 5×10^{-9} 的变化）确实验证了 KT 理论关于 ρ_s 跃变的预言。还有不少其他实验的结果也与这个推论一致。图 9.8 中绘出不同实验的结果，实验点集中在理论曲线附近。

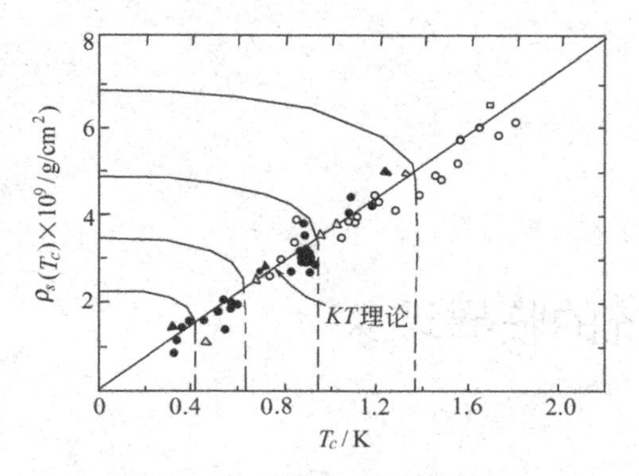

图 9.8 *KT* 理论与实验的比较

现在看来，二维情况下的这类相变是相当普遍的现象，许多表面上差异很大的模型可以彼此对应起来，因而具有相似的相变行为。这是一种推广意义下的普适性。这类“拓扑性相变”在整个相变“家族”中的地位日益巩固，对其他学科的影响也更趋深远。

第十章 有限系统的临界现象

前面我们讨论的都是无限大系统的临界现象，系统的热力学量在临界点会出现奇异和发散。实际的实验系统并不是无限大的，虽然系统的体积很大、而且包含了非常多的粒子，但它的体积和粒子数仍然是有限的，不会真正出现热力学极限下的奇异性和发散。在临界区域里向临界点逼近时，系统的关联长度会变得越来越大，当关联长度大到一定的程度，可以与系统的尺度相比较时，系统的有限尺度效应就显现出来，必须加以考虑。真正达到临界点时，实验系统的热力学量并没有出现发散，而是被光滑化了。随着科学技术的发展，越来越多的尺寸介于宏观与微观之间的介观系统需要研究，在研究这些介观系统的热力学性质与临界现象时，将不可避免地遇到有限尺度效应。最近30多年以来，随着计算机技术的不断发展，在许多科学领域，计算机模拟已经逐步发展成为实验、理论方法之外的一种重要研究手段，在实验和理论之间发挥着桥梁作用，已经在临界现象的研究中发挥了重要作用。目前计算机模拟能够处理的系统的尺度一般都不大，如何从有限系统的计算机模拟结果得到无限大系统的临界性质，是有限系统的临界现象理论需要回答的问题。在前面第七章最后一节我们已经提到，格点模型的计算机蒙特卡洛模拟结合有限系统临界现象的有限尺度标度性，已成为计算临界指数的一种有效方法。因此，有限系统临界现象的研究具有重要的理论和实际意义。

有限尺度标度律

有限系统临界现象的研究由费歇尔于 20 世纪 60 年代末开始，最先讨论的是有限二维伊辛模型，这个模型可以被精确求解。前面已经讲过，到目前为止三维无限大伊辛模型还没有被精确求解，有限三维伊辛模型就更不用说。为了研究不同空间维数的有限系统的临界现象，从而得出有限系统临界现象的一般规律，费歇尔与合作者研究了有限球模型，这个模型在不同空间维数下都可以被精确求解。在这些模型研究结果的基础上，费歇尔提出了有限系统临界现象的有限尺度标度律假设。我们以铁磁系统的磁化率 χ 作为例子，有限尺度标度律可表示为

$$\chi（t，L）=L^{\gamma/\nu}F（L/\xi）=L^{\gamma/\nu}f（tL^{1/\nu}）$$

这里 L 表示有限系统的特征长度，ν 是关联长度临界指数，γ 是磁化率临界指数，ξ 表示约化温度为 t 时无限大系统的关联长度。其他的热力学量也满足类似的有限尺度标度规律。1984 年，普内伍曼和费歇尔还进一步提出了有限尺度标度律的普适性，即有限尺度标度函数 F 和 f 是普适的，它们只依赖空间维数、序参量空间维数、有限系统的几何形状和边界条件这些宏观性质，与系统的微观特性毫无关系。有限尺度标度律和它的普适性已经得到了广泛承认，并已经被广泛地应用。

为了得到可以被实验（包括计算机模拟）直接检验的有限尺度标度函数的定量理论预言，需要采用场论和重正化群方法来研究有限系统的临界现象。有限系统的场论研究与无限大系统的有很大的不同。在无限大系统的场论研究中，平均场的结果被作为微扰计算的基础。而对于有限系统，平均场的结果已经失去了它的意义。1985 年，人们才提出以序参量均匀涨落来替代平均场结果，用来作为有

限系统微扰计算的基础。到了 1995 年，人们才用场论和重正化群理论给出了有限尺度标度函数的定性预言。后来，人们对有限系统的场论微扰计算方法作了进一步的修正，对各个普适类的周期性边界条件有限尺度的标度函数给出了定量的理论预言，这些理论预言与计算机模拟的结果很吻合。

2004 年，人们通过研究发现，当系统的微观特性是各向异性时，它的有限尺度标度函数将与各向同性有限系统不相同，它们以一种复杂的方式依赖于描述系统各向异性的矩阵 A。各向同性系统所对应的矩阵 A 为单位矩阵。因此，普内伍曼和费歇尔假设的有限尺度标度律的普适性被破坏了，有限系统的普适性没有无限大系统的普适性那样普遍，有关有限系统普适性的研究还在继续。

高于上临界维数有限系统的临界现象

我们知道，对于高于上临界维数无限大系统的临界现象，涨落的作用不是那么重要，不会改变系统的临界指数，平均场理论就已经给出了正确的临界指数。对于高于上临界维数的有限系统，情况就不一样了，涨落的影响变得非常重要，平均场已失去了它的意义。

那么该如何考虑高于上临界维数有限系统的涨落呢？1985 年，两位法国物理学家布列让和辛-居斯坦提出：对于具有周期性边界条件的高于上临界维数有限系统，需要考虑涨落的影响，但只需要考虑序参量的均匀涨落，非均匀涨落的影响可以忽略不计。由于均匀涨落就是序参量傅里叶展开的 $k=0$ 分量，因而他们的理论被称为零模理论。1985 年，著名物理学家宾德尔对 5 维伊辛模型进行了蒙特卡洛模拟，得到的结果与零模理论的预言存在着超过 10%的误差。由于当时计算机的计算能力非常有限，能够模拟的系统比较小，所得结果的精度也有限，因此还不能断定零模理论就一定存在问题。1994 年宾德尔与他的合作者对 5 维伊辛模型重新进行了模拟，得到的结果与零模理论的预言还是有超过 10%的偏差，从而引起对零模理论的重新考虑。经过仔细研究后发现，序参量的非均匀涨落对有限系统临界现象的有限尺度效应的贡献不能忽略不计。以磁化率为例，在临界点附近给定温度下，随着系统尺度的增大，零模理论的结果以幂次规律趋近无限大系统的值，而考虑了非均匀涨落的贡献以后的结果以指数规律向无限大系统的值趋近。考虑了非均匀涨落的新理论除了与以前的计算机模拟结果相符以外，还被新的 5 维伊辛模型的模拟结果完全证实。

有限系统临界现象的实验研究

1978 年陈达彬和伽世帕勒尼最早进行了有限系统临界现象的实验研究，他们利用激光在材料上加工出许多平行的柱状孔，然后往这些柱状孔内注入液氦，并测量柱状孔中液氦的比热。对所得的实验数据进行分析以后，他们得到了有限尺度标度律被严重破缺的结论，这一结论遭到理论家们的强烈反对，后来，一个理论小组将实验的原始数据直接拿来进行了分析，发现实验数据的精度不够，不能说明有限尺度标度律一定存在破缺。后来人们又研究了膜状有限液氦系统的超流密度，得到的结果更加严重偏离有限尺度标度律。由于采用液氦进行的有限系统临界现象实验难度很大、要求精度很高，到目前为止，只有美国的几个实验小组能够开展这方面的研究工作。为了进一步提高实验的精度，美国航天局用航天飞船将实验装置送到太空中，宇航员在微重力条件下进行实验，获得的实验结果发表于 2000 年。实验测量了膜状液氦系统的比热，在临界温度以上，实验结果与有限尺度标度律符合得较好，在临界温度以下，实验结果与有限尺度标度律仍然有较大偏差。总的说来，对有限尺度标度律还需从实验和理论两方面进一步研究。

除了上面提到的有限系统平衡态临界现象的研究以外，实验上还对有限系统的临界动力学进行了研究，已经有结果于2004年发表。实验测量了柱状液氦的热导率。无限大液氦系统的热导率在临界点会发散，当液氦系统有限时，热导率也是有限的，取得的实验数据与有限尺度标度律有很大的偏差。有限系统临界动力学的实验研究还在继续，将来该实验也要在国际空间站上进行。

第十一章 量子相变

到目前为止，我们讨论的都是有限温度下的相变，是相互作用和热运动彼此竞争的结果。根据第一章提到的热力学关系式，自由能 $F=U-ST$ 是体系的内能 U 与代表无序度的熵 S 在给定温度下抗衡，在稳定相，它取最小值。具体说水的自由能曲线与冰的自由能曲线在 0℃时相交，0℃就是水的冰点，高温下水的自由能低，低温下冰的自由能低。人们要问，在绝对温度为零度时还会有相变吗？按照经典物理的看法不应该再有相变。以水为例，H_2O 分子都处在能量最低的位置不动，构成一种冰，只有唯一的相。

测不准关系和量子涨落

事实不是这样。微观粒子不遵从牛顿经典力学，应该由薛定谔和海森堡提出的量子力学描述。我们在第三章中已经提到，按照量子力学，微观粒子的动量和坐标不能同时确定，要满足测不准关系，即使在温度绝对零度，粒子还有“零点能”，这种零点能导致量子涨落，就像热运动导致热涨落类似。因此，在绝对零度时，粒子的动能不为零，动能和位能的竞争可以导致不同相的存在和它们之间的相变。与通常有限温度下的热力学相变不同，这里起作用的不是热运动造成的热涨落，而是量子测不准关系造成的量子涨落。

有人可能认为，根据热力学第三定律，绝对零度是不可能达到的，因此讨论这种绝对零度下的量子相变只有经院式的意义。事实不然。与经典临界现象类似，量子临界现象也由一些非常普遍的规律描述，在很大范围内体系在非零温度下的性质是由量子相变点决定的。前面说到的冰，听起来简单，实际上要讨论绝对零度下冰的不同相之间的相变，非常复杂。下面用两个简单的例子说明量子相变的基本概念。

量子比特体系的相变

通常的计算机是建立在二进制的比特基础上。每个比特有 0 和 1 两个状态，通过某种半导体或磁性材料的元件的两种物理状态来实现。未来的量子计算机要通过量子比特来实现，这些量子比特遵从量子力学的规律。一种可能的途径就是利用电子的自旋。我们在第三章中描述过经典自旋的统计模型。我们这里说的是角动量为 $\frac{1}{2}\hbar$（$\hbar$ 是普朗克常数除以 2π）的量子自旋。根据量子力学原理，这个自旋的 z 分量 σ^z 与它的 x 分量 σ^x 也要遵从海森堡测不准关系。例如，我们用 $|\uparrow\rangle$ 表示 $\sigma^z=\frac{1}{2}$ 的态，$|\downarrow\rangle$ 表示 $\sigma^z=-\frac{1}{2}$ 的态，那么这些态的 σ^x 就是不确定的。

根据量子力学的“迭加原理”，任何一个自旋为 $\frac{1}{2}$ 的态可以写成

$$|\psi\rangle=\alpha|\uparrow\rangle+\beta|\downarrow\rangle$$

这里 α，β 是复数，而且 $|\alpha|^2+|\beta|^2=1$。特别有用的是两个态：

$$|\rightarrow\rangle=\frac{1}{\sqrt{2}}(|\uparrow\rangle+|\downarrow\rangle)$$

$$|\leftarrow\rangle=\frac{1}{\sqrt{2}}(|\uparrow\rangle-|\downarrow\rangle)$$

它们分别对应于 $\sigma^x=\frac{1}{2}$ 和 $-\frac{1}{2}$。我们把 $|\uparrow\rangle$，$|\downarrow\rangle$ 两个态用 $|\rightarrow\rangle$，$|\leftarrow\rangle$（分别叫做“向右”，“向左”）表示，再代入前式，就可以得到

$$|\psi\rangle=\alpha'\ |\rightarrow\rangle+\beta'\ |\leftarrow\rangle$$

$$\alpha'=(\alpha+\beta)/\sqrt{2},\ \beta'=(\alpha-\beta)/\sqrt{2}$$

换句话说，任意一个态 $|\psi\rangle$ 可以看成是在 $|\uparrow\rangle$，$|\downarrow\rangle$ 两个态之间涨落，也可以看成是在 $|\rightarrow\rangle$，$|\leftarrow\rangle$ 两个态之间涨落。这与经典的图像根本不同。

现在讨论由这些量子比特（量子自旋）组成的一维链中的量子相变。体系的哈密顿量可以写成

$$H=-J\sum_i(\sigma_i^z\sigma_{i+1}^z+g\sigma_i^x)$$

这里 J 是“交换积分”，g 是一个无量纲常数。如果只有第一项（即 $g=0$），这是一维铁磁伊辛模型，它的基态是自旋全部向上（或全部向下）排列，

$$|\Uparrow\rangle=\cdots|\uparrow\rangle_{J_1}|\uparrow\rangle_{J_2}|\uparrow\rangle_{J_3}\cdots$$

$$|\Downarrow\rangle=\cdots|\downarrow\rangle_{J_1}|\downarrow\rangle_{J_2}|\downarrow\rangle_{J_3}\cdots$$

如果只有第二项（即 $g=\infty$），自旋处于 x—方向外磁场中，它的基态是自旋全部向右排列，

$$|\Rightarrow\rangle=\cdots|\rightarrow\rangle_{J_1}|\rightarrow\rangle_{J_2}|\rightarrow\rangle_{J_3}\cdots$$

$g\neq0$ 时，第二项能使 z—方向自旋翻转，即产生自旋向上和向下两个态之间的“量子隧道”效应。这个问题可以准确求解，可以找到一个临界的 $g_c=1$，当 $g<g_c$ 时自旋链处于第一种基态，$g>g_c$ 时自旋链处于第二种基态。对应这两种基态的激发态也不一样，$g<g_c$ 时激发态（准粒子）对应“畴壁”，即自旋向上和向下区域的边界，$g>g_c$ 时激发态对应有一个自旋从“向右”变成“向左”。$g=0$ 时，“畴壁”是不动的，$g\neq0$ 时它会传播。同样，$g\neq\infty$ 时，“向左”的自旋也会传播。图 11.1 一维耦合量子比特系统的相图。这是一个示意的

“相图”。$g=g_c=1$ 是量子相变点，它是一个很复杂的状态，在它附近的区域“元激发”或“准粒子”的概念不存在。但是，与经典临界现象类似，量子临界点附近的许多性质是普适的。例如，每个量子比特的弛豫率（弛豫时间的倒数）在扇形的“量子临界区域”内

$$\Gamma_R = 2\tan(\pi/16)\frac{k_B T}{\hbar}$$

与相互作用参数无关。除了玻尔兹曼常数和普朗克常数外，这里出现的唯一参数是绝对温度 T。

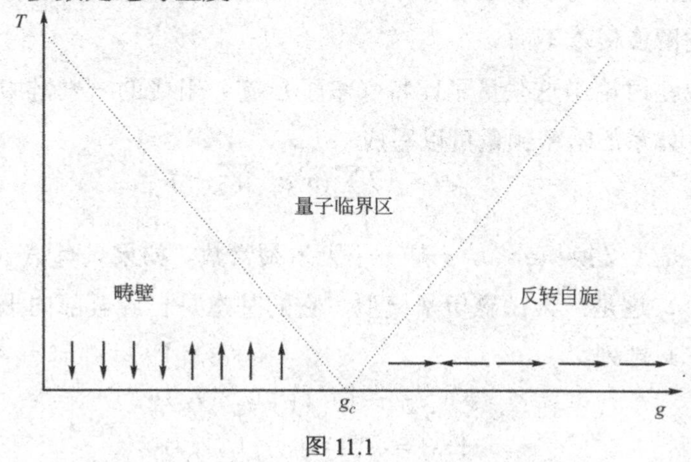

图 11.1

光阱中稀薄原子的“超流——绝缘体”转变

第三章中提到 1995 年用激光冷却、磁俘获和蒸发冷却的方法实现了稀薄的铷原子气体的玻色——爱因斯坦凝聚。最早的实验是把气体分子俘获在一个位阱中，实现凝聚。最近有人用激光驻波的办法形成一个位阱和位垒的点阵，样子很像装鸡蛋用的纸板（见文前彩图 11.2）。

当温度降到几十个纳 K（10^{-9} K）时产生玻色——爱因斯坦凝聚，从逃逸气体分子的速度分布在原点附近可以观察到一个很锐的峰（见文前彩图 11.3），同时还有一些卫星峰，反映周期性的位垒。这说明分子可以在位阱中跑来跑去（隧道效应），因为这些卫星峰

是衍射造成的。实验家把位垒提高，发现超过一定的阈值后，中心的峰和卫星峰都消失了，变成模糊的一片（见文前彩图 11.4）。这说明粒子不能在位阱中“跑来跑去”，被“局域住”了。如果把前一种状态称为“超流”态，后一种状态就是“绝缘体”。这里观察到的是“超流——绝缘体”量子相变，因为它完全是由量子涨落，而不是热涨落引起的。

量子力学建立后发展的固体能带论解释了为什么有些物质是金属，能导电；而有些物质不能导电，是绝缘体。后来的研究发现有些材料按固体能带论应该是金属，实际却是绝缘体。深入的研究表明，这与电子间的库仑排斥作用有关，简单的单个粒子运动的图像不能描述。这类材料被称为“莫特绝缘体”。研究这种绝缘体在掺杂、加压等条件下变成金属态的转变是一个热门的、但十分困难的课题，它与有广泛应用前景的高温超导体的研究有关。出人预料的是，冷原子玻色-爱因斯坦凝聚研究为攻克这个难题提供了一个新的途径：用实验手段来直接调控这种转变。

经典相变的研究经过了近一个世纪的努力才有了突破，量子相变的研究方兴未艾，有志者大有用武之地。

第十二章
非平衡相变——自然界中的有序和混沌

前面几章对相变的讨论中，我们已多次思考过对称、有序和结构的关系。其实，最对称的世界是没有任何秩序和结构的。那是神话中“盘古开天地”以前，天地混沌，无所谓上下左右，没有任何特殊方向和特殊点。一切对称操作都是允许的，存在着无穷多种对称元素：有各种平移、转动、反射等。一旦可以看到“结构”，有一个立方晶体摆在我们面前，已经失去了不计其数的对称元素，只剩下寥寥数十个。首先明白这一点的，可能是皮埃尔·居里，他曾经有过“非对称创造了现象”的妙语。

在宇宙的演化过程中，从形成轻元素到产生重元素，进而形成某些分子，在一定条件下发展出生物大分子和生命现象。物质的运动和结构愈来愈复杂。基础自然科学的许多分支，都在研究这个“自组织”过程的各个侧面，物理学所探讨的还只是其中比较初始，因而也更为基本的过程。非平衡相变的研究，对于物质怎样走向更高级的有序和组织，提供了不少有益的启示。这是从物理学通向化学、生物学的一个窗口。

另一方向，物理系统离开平衡之后，还可能陷入“混沌”状态。典型的例子是流体运动中发生的湍流现象。湍流的发展过程往往要经过若干中间阶段，伴随着产生花纹图案和周期运动等更有组织的运动形式。无论是走向“有序”还是“混沌”，通常都要经历一些突变，都是非平衡的相变。非平衡相变涉及的领域比本书前几章讲述的平衡相变更为广阔，在这一章中只能稍作介绍。

从对流现象谈起

“对流”是日常生活中经常遇到的现象：沸腾的汤锅，烟囱口的“热风”等。从更大范围说，海洋中的巨大暖流或寒流，全球性的大气运动等也是对流的表现。有些对流运动是不容易觉察的，例如，大地板块的移动就在受地幔对流的影响。

然而，“对流”是怎样从静到动“流”起来的？对这个问题的研究开始得并不久。1900 年法国学者贝纳尔德观察到：如果在一个水平容器中放一薄层液体，然后在底部均匀缓慢地加热，开始没有任何液体的宏观运动。加热到一定程度，液体中突然出现规则的多边形图案。图 12.1 是现代用硅油做实验拍摄的照片（见文前彩图）。为了使图案清晰，硅油中加了少量悬浮的铝粉。

这个实验至少提出两个耐人寻味的问题。第一，对流为什么不是由微而著，逐渐发展起来，而是突然从无到有？第二，液体下层受热，体积膨胀，密度变小，因而向上升浮；相反，上层较冷的液体要往下沉降，这道理似乎简单明了。然而，各处的水分子怎样协调它们的动作，造成规整的上升区和下降区的交替排列图案？我们已经习惯地把热运动看作无序的源泉，这里加热却导致了有序的运动。可见这个简单的实验中还包含有深刻的道理。

1916 年英国学者瑞利提出一个模型来解释贝纳尔德实验。后来人们才明白，瑞利的模型不能直接用于这个实验。但是，近年来不少实验工作者严格按瑞利的模型做实验，证明他的理论分析是正确的。这对理解热对流的本质起了重要作用。我们也来看一下瑞利的设想。

取一个方形的扁平容器，装满液体，全部封好，不让容器内有自由表面（这一点很重要，是瑞利模型的“简单”之处）。然后从底部徐徐均匀加热，使下底温度 T_2 渐渐超过上底温度 T_1（图 12.2）。当温度差达到一定“阈值”时，突然出现对流图案。在长方形容器中，这是平行于短边的“蛋糕卷”。巴黎萨克莱固体物理实验室的贝尔热拍摄了一部漂亮的电影来演示这些“蛋糕卷”的形成和运动过程。这里我们只能给出他所赠送的两张记录瞬间状态的彩色照片，以飨读者（见文前彩图 12.3）。图 12.3（a）是从容器正上方看到的图案。图 12.3（b）是两个“蛋糕卷”的侧视图。每个“卷”中巧妙地注入了一滴墨水，它们描绘出蛋糕“卷”起来的过程。

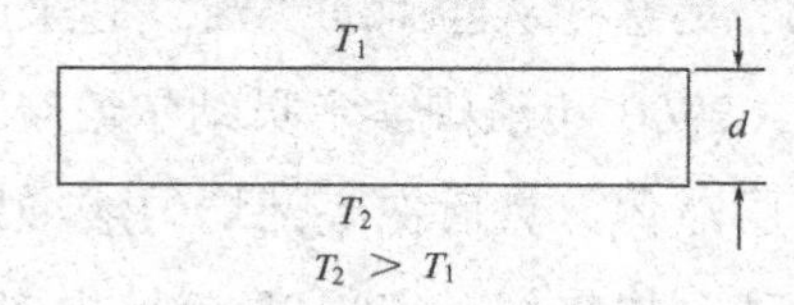

图 12.2　瑞利模型

为什么会突然出现对流？为什么会产生规则的图案呢？瑞利提出了正确的解释。

这些实验是在地球的重力场中进行的。加热虽然造成了上下的密度差，但均匀的一层液体中，哪里都没有开始宏观运动的优先权。设想一小滴靠近底部的液体，如果它与周围的温度完全一样，就不会产生向上浮的运动。但是，如果由于涨落的原因，它向上偏离了平衡位置，那就会继续向上浮，因为它的密度比周围的液体低。同样，如果顶面附近有一颗液滴，由于涨落偏离平衡位置往下，也会由于密度比周围高而继续下沉。这个有上有下的图像示于图 12.4 中。它说明，静止的、底部受热的液体处于不稳定的平衡状态，涨落可以破坏平衡，触发对流。

按照这种图像，只要有无穷小的温度差都会出现对流，但实际情形不是这样。我们必须考虑另外两个抑制对流的因素。

第一个因素是粘滞力。液滴上升或下降的运动都会受到粘滞阻

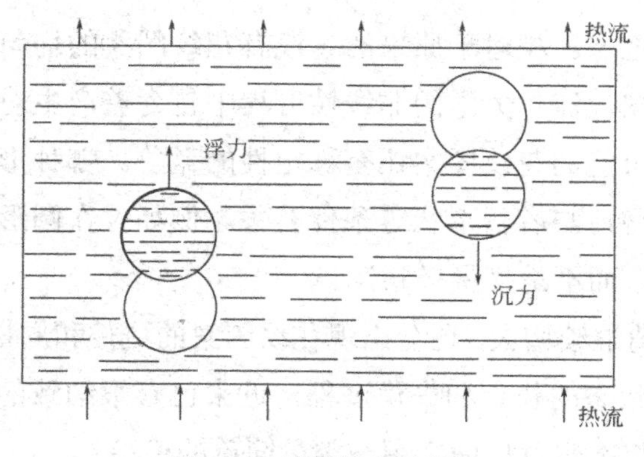

图 12.4 液滴运动示意图

力。另一个因素是热扩散。上浮液滴的温度比周围高，热量往外扩散，结果使液滴本身温度下降，因而密度增加，浮力减小。对于下沉的液滴，过程正好相反，但其效果也使运动速度减慢。因此，能否出现对流，决定于不同因素的相互抗衡。

竞争中哪个因素占优势，有一个定量标准。有利于对流的是重力加速度 g，热膨胀系数α 和上、下底之间的温度差 $\Delta T = T_2 - T_1$ ，代表抑制因素的有粘滞系数ν 和热扩散系数 D_T。用这些参数，再加上容器中的液体高度 d，可以构成一个没有量纲的数（瑞利数）

$$R = \frac{g\alpha\Delta T \mathrm{d}^3}{\nu D_T}$$

瑞利当时估计，R 的阈值（或临界值）R_c 约为 1700，$R>R_c$ 时就要出现对流。这个估计已被近年的实验证实。

图 12.5 是瑞利不稳定性的计算机模拟结果（见文前彩图）。图上标的是“等焓线”。焓 $H = U+PV$，U 是内能，P 是压力，V 是体积。图 12.5（a）对应“亚”临界的情形，即瑞利数低于 1700，而图 12.5（b）则对应“超”临界的情形。

前面只说明了会出现不稳定性，但为什么形成规则的对流图案呢？有一点是明确的，足够小的一滴液体的运动，只能或者向上，或者向下，不能同时兼有两个方向。形成规则的图案是解决这个“矛盾”的办法之一。相对于原来的、没有花纹图案的均匀液体，这是一种对称破缺。流体力学的非线性方程中包含着产生对称破缺的可能性，各种可能的花纹图案还有稳定性的竞争。哪种形状和尺寸的图案得以实现，与容器形状等条件有关。例如，在圆形容器中形成的是同心环，而不是“蛋糕卷”。

R 的数值继续增大，还会出现花纹图案的更替和周期运动。这是一系列运动状态的稳定和失稳过程，近来已有很细致的理论和实验分析。我们将在本章后面介绍一类最简单的模型。

贝纳尔德实验与瑞利的模型不同，容器中液体的表面是自由的。形成对流的原因不是浮力，而是表面张力。正是由于这个缘故，在圆形容器中形成的是六角图案，而不是同心环。怎样由表面张力形成对流花纹的理论，是 20 世纪 50 年代末才建立的。

耗 散 结 构

对流花纹的突然出现，只是非平衡相变的一个例子。这类现象是很普遍的。我们再举几个例子。

在两个同心圆柱中充满液体，使外圆柱静止，令内圆柱转动起来。缓慢地增加转速 Ω，可以看到先后产生几次突变（与对流的情形一样，为了提高观察效果，通常在液体中填加悬浮的铝粉）。

转速较低时，只有均匀的水平运动，而没有径向运动。这种运动状态也像前面介绍的瑞利模型一样，可以用一个没有量纲的数（泰勒数，请注意不是温度）

$$T=4\frac{\Omega^2 \mathrm{d}^4}{\nu^2}$$

来描述，这里 d 是两个圆柱的间距，ν 是粘滞系数。当 $T>T_c=1724$ 后，两个圆柱间的液体突然分成许多层，每层内都出现径向流动，一层向内流，一层向外流，交替地组成整个液柱，但仍然保持着圆柱对称。整个图案保持稳定，没有随时间的变化（见文前彩图

12.6（a））。

当 T 继续增大时，突然每一层都出现上下波动（图 12.6（b））。这样一来，当然不再有圆柱对称性。整个图像随时间周期变化。于是，一下子使两种对称性发生破缺：圆柱对称消失，出现对角度的依赖性；时间无关性消失，出现特定的周期 τ。

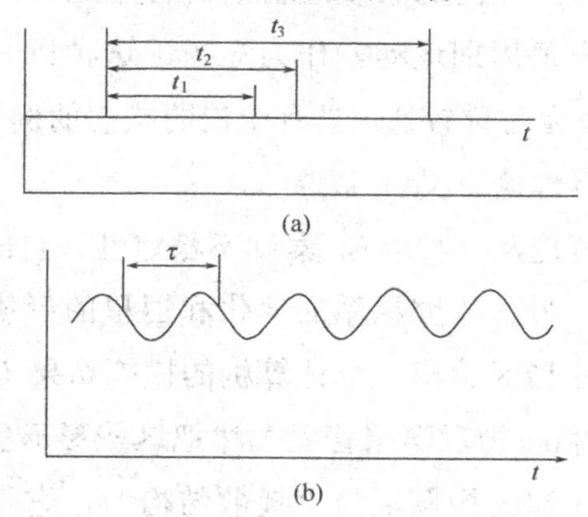

图 12.7　时间平移对称的破缺

我们再解释一下时间对称性的破缺。一个与时间无关的物理系统具有“时间平移对称性”，这就是说，无论两次观测的间隔 t 如何，所看到的图像都是一样的（图 12.7（a））中的 t_1，t_2，t_3，…）。t 可以有无穷多种取法，我们说这个时间平移对称群有无穷多个对称元素。只要出现图 12.7（b）那样的周期运动，两次观测的间隔必须是周期 τ 或它的整倍数，才能看到相同的状态。一旦出现了周期运动这种“时间结构”，就失去了不计其数的对称元素，只剩下 $N\tau$ 这一类。

在一些化学反应中，可能出现有序的时空结构，或者随时间振荡（“化学钟”），或者在空间分布上出现花纹图案，或者两者同时发生。这类反应在无机化学中虽属凤毛麟角，需要精心设计，然而在生物化学中却随处可见，俯拾皆是。看来大自然正在运用各种不稳定和突变来实现生命周期的控制和细胞组织的分化。非平衡相变的研究才开始透露出一点信息，这个美妙的新领域正在等待着有心人去开拓。

一条质量欠佳的日光灯管，也可以向我们表演非平衡相变和对称破缺。读者可能见到过日光灯管中出现的黑白相间的放电辉纹。有时这些黑白相间的条纹还会沿着管壁跑动，使时间平移对称发生破缺，出现周期运动。作为光源，这种日光灯管已失去了使用价值，但作为对称较低，具有结构的状态的例子，它却是“废物利用”，有点理论意义。

这里我们再提及一种瑞利-泰勒不稳定性，它出现在“上重下轻”的流体内。为了研究星系的演化和恒星的形成，这方面的研究非常活跃。图 12.8 给出一个计算机的模拟结果（见文前彩图）。

1969 年比利时物理学家普里戈津把这些形形色色的非平衡相变中出现的有序和结构概括为“耗散结构”，它一般具有以下四个特点：

第一，耗散结构发生在“开放系统”中，它要靠外界不断供应能量或物质才能维持。这是与平衡相变中产生的结构，例如一块晶体，完全不同的。

第二，只有当控制参数（流速、温度差等）达到一定“阈值”时，它才突然出现。

第三，它具有时空结构，对称性低于达到阈值前的状态。

第四，耗散结构虽是旧状态不稳定的产物，它一旦产生，就具有相当的稳定性，不被任何小扰动所破坏。

这后三条特点，与平衡相变一致。平衡态相变理论的成就，促使人们对非平衡相变作类似的分析。

首先是引入序参量来描述对称破缺。在对流不稳定性中，宏观运动的最大速度 v 是序参量，它描述空间平移对称破缺的程度。而瑞利数这类控制参数相当于平衡相变中的温度。序参量随控制参数

的

日光灯管的非平衡相变

变化是

$$v \propto (R-R_c)^{\beta}$$

这里β也是序参量的临界指数。

同样，在非平衡相变中可以定义关联长度ξ，它在阈值附近反常增大，其规律是

$$\xi \propto (R-R_c)^{-\nu}$$

ν是关联长度的临界指数。

与平衡相变类似，这里也有恢复对称的运动模式。对于体积趋向无穷的体系，这是通常的流体力学模式；而对于有限体系，则是序参量的一种扩散型运动。在经历了各种可能的状态后，序参量的平均值最后趋近于零。体系越大，达到这个状态所需的时间越长。严格说来，对于非平衡相变，序参量不是一个好的物理量，然而对于宏观系统，它仍然是一个有益的概念。

在平衡态现象的讨论中，我们没有特别强调所谓"临界慢化"的现象，就是离临界点越近，趋向热平衡的时间越长。按照平均场理论在含时间情形下的推广，趋向平衡的弛豫时间反比于恢复力的大小。离临界点愈近，这个恢复力愈小，因而弛豫时间愈长。这一点从直观上很容易理解：在临界点附近长波涨落很重要，为"调整"好这些涉及大量粒子的长波涨落，就需要很长的时间。

临界慢化指数Δ的定义是，弛豫时间

$$\tau \propto |t|^{-\Delta}$$

根据平均场理论，$\Delta=1$。在非平衡相变中也完全类似，只是用控制参数相对于阈值的差异来代替相对温度t。

在某些非平衡相变中也可以引入与序参量对偶的外场，从而研究类似铁磁相变中磁化率的物理量，测量临界指数 γ。

最近有人精密地测量了热对流失稳现象中的各种临界指数，得到$\beta=1/2$，$\nu=1/2$，$\gamma=1$等与平均场理论一致的结果。

非平衡相变的临界指数遵从平均场理论，这不是偶然的巧合。

我们在第六章中讨论了平均场理论的适用范围，知道它在非常靠近临界点的区域不再适用。靠近临界点的限度是

$$t_c \sim \left(\xi_0^{-D}\right)^{\frac{2}{4-D}} = \xi_0^{-6} \quad (\text{当 } D=3)$$

其中ξ_0是物理系统的一个特征长度。多数非平衡相变中有一个自然的几何尺寸，例如对流实验中容器的厚度。这是一个宏观的特征长度，因此ξ_0^{-6}实际是零。也就是说，对于这些非平衡相变，平均场理论一直适用到临界点上。只要问题中出现了特征长度，就不能无限重复地实行改变尺度的重正化群变换。当然，还有不少没有特征尺度的非平衡相变，例如从空间均匀的静止状态变到仍是空间均匀的周期振荡，这里还有着重正化群技术的用武之地。

远离平衡的突变现象与平衡态相变的深刻类比，还有一个重要方面。虽然失稳现象中没有平衡分布的概念，但只要新的状态仍然是由“细致平衡”维持的，即大量微观的元过程互相抵消，保证总的宏观状态稳定，就可以引入某种位势函数，其作用与平衡态的自由能很相似。这类非平衡相变的实际行为和理论描述（包括平均场近似），自然与平衡态相变很相像。换句话说，细致平衡是这种类比的基础。

细致平衡要求每个正的元过程都有相应的反过程与之抵消，在大量正、反过程的补偿中实现总的动态平衡。玻耳兹曼早就知道，这不是维持总平衡的唯一办法。例如，可以设想一串元过程和另一串元过程作用相抵，但各串中的单个元过程并不互为正反，一一相消。这是一种环平衡。当然，还可以设想其他更为复杂的维持总平衡的方式。对于这些不满足细致平衡条件的，更广泛的非平衡现象，目前的知识还很少，这是有待于进一步研究的课题。

走向湍流的道路

物理学中还有一个至今未能从根本上解决的“老大难”问题，

这就是说明湍流状态的发生机理，并对湍流状态给出确切的描述。据说，对流体力学做出过很大贡献的兰姆曾在 20 世纪 30 年代的一次国际会议上表示：我现在已临垂暮之年，但物理学中还有两个问题使我不安，这就是量子场论的紫外发散和湍流的产生。但愿升入天堂之后能对它们有所领悟。

量子场论的困难已经在 40 年代末初步解决。为克服紫外发散而引入的重正化和重正化群在认识连续相变的本质上起了重大作用。看来，重正化群概念和它背后的无穷嵌套几何图像，还要继续帮助我们去认识湍流。兰姆把这两个难题并列，好像事先猜到了关键之点。

什么是湍流？ 这是流速高达一定程度后发生的，看起来十分混乱的运动状态。在日文中就叫做“乱流”，更容易顾名思义。湍流并不是流体特有的现象。现在知道，许许多多远离平衡的系统中都会在一定条件下自发地出现混乱和噪声。化学湍流、固体湍流、光学湍流、声学湍流这些新词儿正接踵出现在物理文献之中。湍流是一种普遍的物理现象，应当有普遍的理论解释。

作一个不很确切的类比。物质的运动和结构在远离平衡后可能有两类不同的状态。特殊的状态是愈来愈复杂的有序和组织，普遍的发展则是出现混沌和湍流。这两种前途都要经历一些突变。如果说前者是相变，那后者可以叫做反相变——突变后进入更无序的状态。湍流和癌症一样是摆在自然科学面前的难题。

湍流理论的困难也和相变一样，在于它是一个“真正”的多体问题。湍流的一种简化的图像，是各种空间和时间尺度的旋涡互相嵌套着，把宏观运动的能量从大尺度的运动不断地传递给小尺度的运动。这个由整化零的过程涉及从宏观到微观的许多时空尺度，不容易归并成少量自由度来描述。我们当然不可能在这本小书里展开地叙述湍流问题，而只是顺着与连续相变的类比，看一下走向湍流的道路。

什么是湍流？

关心相变的人通常也对湍流有兴趣。解释湍流发生机制的理论模型又是朗道提出来的（1944 年）。基本想法很简单：湍流是无穷长的一串不稳定现象的后果。流速很低时，流体的运动是规则的。例如，圆管中的水流，靠近管壁处流速低，愈往管子中心流速愈高，一层一层地有一个速度的连续分布。这种状态叫做层流。流速增大后，层流不稳定了，突然出来一个频率为 f_1 的振动成分。流速再增大时，这种包含着 f_1 成分的运动又不稳定了，再冒出来一个新的频率 f_2，它和原来的 f_1 并存，而且没有简单的比例关系。这最后一点很重要，倒过来想一下就很明白了。假设 f_1 和 f_2 具有某种比例，例如 $3f_1 = 2f_2$，那么由于频率是周期的倒数，两种振动周期也成比例 $3T_2 = 2T_1 = T$，这个 T 就是总的运动周期。这还是周期运动，我们不能说它变“乱”了。如果 f_1，f_2 没有简单的比例关系，就不存在一个公共的周期 T，相应的运动最多只能称为“准”周期运动，它永远不会准确地重复过去有过的运动状态，因此比原来更“乱”了一点。这样随着流速增大，一个一个地冒出来互相不成简单比例的 f_1，f_2，f_3，…，最终就进入了真正的湍流状态。

和平均场理论一样，朗道的湍流图像曾为不少学者所接受，但最后却被证明是不正确的理论。那关键的一击还是来自实验。自从有了激光之后，人们可以用激光干涉和多普勒效应的办法，把流体中的速度分布和变化测得很精确。结果发现，产生湍流的过程中往往只出现少数几个频率，而湍流状态对应的频率分布更像是一片噪声。这就促使人们从七十年代以来，建议了许多条新的走向湍流的道路，湍流测量又成为物理实验室中的热门。

我们不去一一介绍这些走向湍流的道路，只指出它们有一个基本观点仍然和朗道的想法一致。那就是承认湍流是物理系统的内在性质。如果说，湍流对应的是混沌和随机，那么这种随机性已经包含在流体力学的方程之中，并不是外加的偶然因素引起的。

不包含偶然因素的方程组，会自发地表现出随机性。这是值得注意的新事物。由于连续相变理论的成果正在帮助人们研究这类新事物，我们也就再说上几句。

确定论方程中的内在随机性

我们在第七章开头考察过一个非线性迭代过程

$$x_{n+1}=\lambda x_n(1-x_n)$$

其中 λ 是一个参数。这是一个“确定论”的方程：对于一定的 λ 值，例如第七章中取 $\lambda=2$，只要给出 x_0，后面的 x_1，x_2，…都可以完全确定地算出来。我们已经知道，它很快达到不动点 $x^*=0.5$，另外还有一个不稳定的不动点 $x^*=0$。

λ 超过 3 以后，两个不动点都是不稳定的。这时如果取一个数值 x_0 硬行迭代下去，结果会是在两个数之间跳来跳去。我们说迭代结果达到了一个稳定的两点周期。然而这种情形只存在于 $3<\lambda<1+\sqrt{6}$ 的一段范围内。对于 $1+\sqrt{6}<\lambda<3.54\cdots$，迭代很快进入稳定的四点周期。换句话说，有一系列特殊的参数值 λ_n，每当 $\lambda_n<\lambda<\lambda_{n+1}$ 时，多次迭代就进入 2^n 点周期。这些 λ_n 靠得越来越近，很快达到 $\lambda_\infty=3.57\cdots$，即无穷长的周期，也就是说，不再有周期存在。

$\lambda>\lambda_\infty$ 以后怎么样？对于许多 λ 值，迭代的结果是随机地分布在一定区域内的数（“混沌”区），对于另一些 λ 值，又可能遇到明确的周期。图 12.8 给出 λ 在 3～4 区间的情形。对于一批 λ 值，沿纵坐标画上了多次迭代所得的 x 点。图中可以清楚地看到多点周期和“混沌”的区域。如果把混沌区的 λ 轴放大许多倍，可以见到不少新的周期和“混沌”嵌在其间。

为什么我们在这本讲连续相变的小书中，专门介绍这类非线性迭代呢？我们在第七章中已经从它学会了“不动点”，“稳定”，“不稳定”这些概念。现在又看到图 12.8 很像是前一节讨论的走向湍流的道路，它给出在确定论的方程中出现“混沌”的最简单的例子。在λ值由小变大的过程中，“混沌”是经过一系列突变出现的。λ_∞处的突变，按照前一节中的议论，就可以看做一个“反相变”。

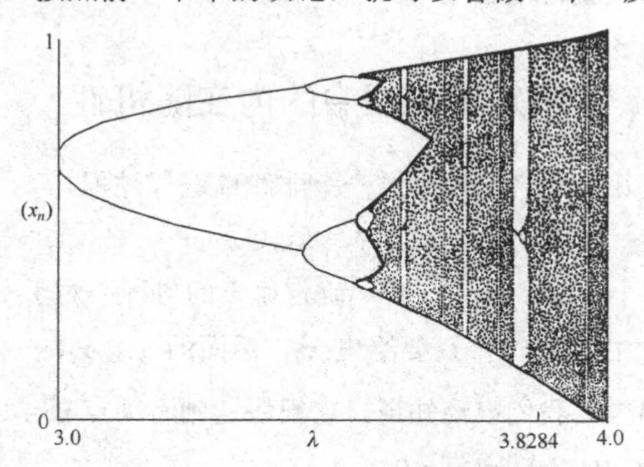

图 12.8　$x_{n+1}=\lambda x_n（1-x_n）$的迭代结果

研究“反相变”的过程中，已经从连续相变理论借鉴了许多成果。普适性、标度性、临界指数、重正化群、豪斯道夫维数这些概念都用上了。

举普适性为例。像图 12.8 那样的周期和“混沌”的分布方式，并不是$y=\lambda x（1-x）$这个非线性函数所特有的。许多其他非线性迭代，甚至于非线性的微分方程，都给出类似的图像。对于不同的非线性方程，λ_n的具体数值当然不同，但是它们趋近λ_∞的方式又是一致的，都是按几何级数收敛

$$\lambda_n=\lambda_\infty-\frac{常数}{\delta^n}$$

最特别的是，这里出现的“临界指数”δ与具体的方程没有关系。对于一大类方程，$\delta=4.669\ 20\cdots$，对于另一大类$\delta=8.7210\cdots$等。也就是说，非线性迭代和方程也有普适类，每一类具有相同的临界指数。这和连续相变何等相似乃尔！

看来，自然界中的有序和“混沌”、相变和“反相变”，有许多相通之处。这是当前统计物理学的前沿之一，许多深刻的规律还等待着有志者去探索。

结束语

我们向读者介绍了连续相变的研究历史和近期发展。这是用科学的方法提出和解决具体物理问题的范例。

虽然人类对于相变现象早有观察和记载，但作为科学问题进行系统的研究是从 19 世纪中期开始的。长期以来，人们主要用平均场理论描述实验中积累的大量事实。伊辛模型的严格解说明了统计物理的潜力，同时在平均场理论的天地里打开了缺口。大量使用计算机的级数展开揭示了更多的矛盾，但决定的因素还是精密的实验测量。它充分暴露了平均场理论的弱点，把尖锐的矛盾提到理论面前。标度律和普适性的概念在促成现代相变理论中起了重要作用。建立了正确的物理图像，形成了反映客观的概念，豁然贯通的最后一击来自统计物理和量子场论在概念和方法上的交流——重正化群理论应运而生。

回顾这一过程，有几点很有启示。

实验和理论的相互促进

物理学的基础是实验，根本性的课题是从实验中提出来的。1869 年安德鲁斯发现临界点，促使正在做博士论文的青年范德瓦耳斯提出著名的非理想气体状态方程，说明气液之间的相变。十九世纪末老居里和他的前人对铁磁体的系统研究是外斯提出分子场理论的前提。正是在总结大量实验事实的基础上，朗道才能概括出二类相变的普遍理论。前面已经提到，六十年代以来的精密测量，是发展新理论的根本动力。反过来，理论的思维从千变万化的实验现象中理出了头绪，透过表面现象，揭示了共同的本质。新的理论概念指导实验家们正确地处理复杂的数据。准确的理论计算促使他们去攀登实验精度的新高峰。

科学的进步是集体智慧的结晶，需要多种人才的协作和不同途径的配合

在临界现象的研究中许多科学家做出了贡献。他们中有的人善于概括大量的事实，抓住实质，及时地提出新的概念；有人长于精雕细刻，手艺非凡；有的大刀阔斧，闯出新天地；有的兢兢业业，辛勤地为别人铺路……为了攻难关，他们使用了“十八般武艺”。有的统计模型看起来很抽象，似乎与实际没有什么联系，但它的严格解却又很有启发；有些近似方法看来很“野蛮”，但却抓住了事物的主流；计算机工作非常繁琐，但多一位有效数字往往有重要意义……有一点是共同的，这些人都善于吸收前人的成果，继往开来。这不是一个交响乐队，也不曾有过指挥，整个发展全靠在摸索中前进，那漫漫长途上依稀可辨的路标，就是实验和理论提出的矛盾和差异。

不同学科的交叉和渗透

表面上千差万别的现象，由共同的本质贯穿起来。只有具备深广的知识，才能多所建树。统计物理与量子场论的互相渗透一直是卓有成效的。量子场论中的费曼图解法在多体和凝聚态理论中显示了优越性；反过来，统计物理中的对称破缺概念对现代场论非常重要，是弱作用与电磁作用统一理论的基础之一。重正化群方法原来

科学的进步是集体智慧的结晶

在场论中并不重要，只是20世纪70年代以来，发现“无标度性”后才受到重视。它在临界现象中意想不到的应用，已经开始给量子场论本身带来有益的“反馈”。“格点规范场”的研究已经为解决“夸克禁闭”问题闯出一条路子。就像元激发、准粒子的概念刷新了凝聚态理论一样，对称破缺和标度变换、重正化群的概念将会对其他学科产生深远的影响。

千里之行，始于足下

20世纪的物理学，主要沿着三个方向发展。那就是揭示微观世界中物质的结构和相互作用，认识宇宙范围内物质的演化和发展，理解物质怎样组织成愈来愈复杂的高级运动形态。相变的研究只是在这第三个发展方向上的最初一步。21世纪的自然科学仍然在沿着这三个基本方向前进，但研究物质世界的复杂运动形态的科学，包括生命科学在内，会占到更大的比重，带来更多的新知识，并对人类的生产和生活产生愈益深刻的影响。连续相变的物理学虽然有了很大发展，但还有更多的问题有待解决。对于勤恳踏实的开拓者，大自然总是不负有心人的。然而，任何伟大的发现都是从认真解决具体问题开始的。我们祝愿读者在今后认识自然、改造自然的事业中做出贡献。

后　记

1978年8月，在庐山迎来了物理学会年会的召开，这是中断了15年后的一次年会，也是“文化大革命”后全国第一个大型学术性会议的举行。会议期间，在中国物理学会和科学出版社的共同组织下，成立了“物理学基础知识丛书”编委会。经过会前会上的反复讨论，确定了丛书编写的宗旨是以高级科普的形式介绍现代物理学的基础知识以及物理学的最新发展，要求题材新颖、风格多样，以说透物理意义为主，少用数学公式；文风上要求做到深入浅出、引人入胜，文中配置情景漫画插图。供具有大学理工科（至少具有高中以上）文化程度的读者阅读。

编委会还进行了选题规划、讨论了作者人选并明确了责任编委负责制等许多重大议题，为丛书的系统运作形成了一个正确可行的模式。

在此以后的几年中（20世纪80年代），经过编委会、作者及出版社的努力丛书共出版了19种。到了90年代，丛书又列选了一批优秀物理学家的作品，但由于种种原因，大部分未能按计划交稿出版，如《四种相互作用》、《加速器》、《波和粒子》、《宇宙线》、《表面物理》、《表面声波》等。1992年，为纪念物理学会成立60周年，我们第二次组织丛书编委会，将丛书中获中国物理学会优秀科普书奖的几种和新版的几种整合了10个品种，仍以“物理学基础知识丛书”的名义出版，使它得到了一个小小的复苏。因此，1978～1992年间两次出版的“物理学基础知识丛书”共计22种。

“物理学基础知识丛书”在中外物理界产生了很好的影响。整套丛书获物理学会优秀科普丛书奖，其中8种获优秀科普书奖；《从牛顿定律到爱因斯坦相对论》、《漫谈物理学和计算机》、《宇宙的创生》三书有繁体字版；《宇宙的创生》有英文和法文版；《漫谈物理学和计算机》获全国第三届科普优秀图书一等奖。有些书、有些章节已成为年轻学子心中的经典。

它的成绩是与许多物理界的人紧密相关的。严济慈、钱三强、陆学善、钱临照、周培源、谢希德等老一辈物理学家对这套书，从多方面进行了支持。忘不了陆学善老先生在1978年暑热的天气，颤颤巍巍地拄着拐杖从家中走到物理所开会的情景，始终记得他曾说过的一句话：“不要用我们已有的知识去轻易否定我们未知的东西。”

“物理学基础知识丛书”的编委和作者是一支十分杰出的队伍。记得一次物理学会的常务理事会在物理所举行工作会议，会上，物理学会要成立“科普委员会”，在讨论人选时，王竹溪先生指着“物理学基础知识丛书”编委会的名单说：“这些人组成科普委员会正好。”之后。果真物理学会科普委员会的大部分成员都是“物理学基础知识丛书”编委会的编委，而主编褚圣麟成为第一届科普委员会的主任。“物理学基础知识丛书”的编委和作者前后约50余人，粗略统计一下，其中学部委员（院士）7人，大学校长3人，科学院级所长2人，大学物理系主任5名，副主编吴家玮和《超流体》的作者是美籍华人。编委或作者，他们所作的工作都是艰苦的。编委亲自推荐作者、参与组稿、和作者一起讨论撰稿提纲，每位编委都要专门负责几部书稿，详细审查书稿，写下书面审稿意见，跟作者面对面地讨论书稿。丛书的副主编吴家玮虽然人在国外，但工作却是认真又出色，他在美国华人物理学家里为丛书组稿，他作为责任编委对自己负责的稿件《超导体》所写的几次审稿意见就达一万多字。副主编汪容承担了当时丛书进展的主要环节，他策划选题、物色作者，带着编辑组稿，真是全身心地投入。20世纪80年代，几乎每一次全国性大型物理学会议的间隙和晚上都是我们编委会的编务工作之时。值得提及的是，编委们所做的这些工作都是没有报酬的，那时也没有人有过意见，尽管要耗费许多精力和时间，他们仍是任劳任怨、乐此不疲。当时学术界对做科普甚至是蔑视的。物理学家李荫远先生在1988年为《相变和临界现象》写过一份评奖的推荐就是佐证：

“……该书为精心撰写的入门性著作，又是高级科普读物，同类型的在国际出版界实不多见。因为，写这样的书下笔前要在大量的文献中斟酌取舍，下笔时为读者设想，行文又要推敲，很费时间；同时还不能算作自己的研究成果，我认为对这样的书写得好的应予以嘉奖。”

“科普著作不算研究成果”这是人所共知的。丛书中有几位学部委员接受了我们的约稿，那是他们自己对写科普有兴趣有能力，他们并不介意算不算成绩。但是，“不算成绩”对大部分编委和作者的确是形成了压力造成了障碍的。

对作者而言，写出一部高级科普并不比写一部专著更省力。那时编委会做出了一个不成文的规定，就是每部书稿成文之前，务必要有一个表现过程，最好是到读者对象——理科大学生中间去讲一讲，以此来了解读者的需要，检验内容的深浅。这样一来，我们的作者，在大学的讲台上，在国内的讲学过程中，在出国进行学术交流活动中，都完全地将自己要完成的科普著作与科研教学工作联系起来了。

作为责任编辑，我有幸参与了“物理学基础知识丛书”多次的“表现过程”。我曾聆听过许多作者和编委对他们书稿的诠释。几十年来的愉快合作，我和他们中的许多人成了相知相敬的好朋友，使我终身受益无穷。当丛书的发展受阻，我面临重重困难失去信心时，总有他们的帮助和鼓励，这才有了1992年“物理学基础知识丛书”第二次10本的推出。

20世纪90年代后期，国内许多出版社大量翻译引进国外系列高级科普读物，科学院对科普读物的重视程度也不可同日而语了。在一些传媒举行的著名科学家座谈会上，百名科学家推荐的优秀科普读物中，“物理学基础知识丛书”中的多种跃然纸上……今天，重视科普的大环境，又让老树开出了新花，“物理学基础知识丛书”中 5 种得以修订再版。我们也期待着丛书中其他同样优秀、值得再版的书早日与读者见面。

20 几年过去，科学和技术翻天覆地地改变了世界，信息世界中有了计算机，丛书中《漫谈物理学和计算机》中的许多预言都已变成了现实。一些关注“物理学基础知识丛书”的老一辈物理学家已永远离开了我们，当年“物理学基础知识丛书”的作者和编委，现在大都还奋战在物理学前线或以物理为基础进军高科技研究。借 2005 世界物理年的契机，我们将新的丛书名定为“物理改变世界”。自 1905 年至今，爱因斯坦所做出的理论和物理学的其他成就，无疑已经彻底改变了人类的生产和生活，改变了整个世界。推出这套书是对世界物理年全球纪念活动的积极响应，也是“物理学基础知识丛书”全体编委和作者合作推动我国科普事业而进行的又一次奉献！我们希望这套书能在唤起公众对物理的热情上起到一点作用，并以此呼唤、回答和感谢“物理学基础知识丛书”的所有编委和作者，期望“物理改变世界”能得到延续和发展。

姜淑华

2005 年 5 月 4 日

附：

“物理学基础知识丛书”

1981～1989 年出版 19 种（按出版时间次序排列）

1. 从牛顿定律到爱因斯坦相对论
2. 受控核聚变
3. 超导体
4. 超流体
5. 等离子体物理
6. 环境声学
7. 相变和临界现象
8. 物态
9. 从电子到夸克——粒子物理
10. 原子核
11. 能
12. 从法拉第到麦克斯韦
13. 半导体
14. 从波动光学到信息光学
15. 共振
16. 神秘的宇宙
17. 宇宙的创生
18. 漫谈物理学和计算机
19. 物理实验史话

“物理学基础知识丛书”编委会

“物理学基础知识丛书”再版

1992年庆祝物理学会成立60周年再版7种、新版3种，共10种

1. 超导体
2. 环境声学
3. 相变和临界现象
4. 物态
5. 从电子到夸克——粒子物理
6. 从法拉第到麦克斯韦
7. 从波动光学到信息光学
8. 漫谈物理学和计算机
9. 晶体世界
10. 熵

“物理学基础知识丛书”第二届编委会

“物理改变世界”

2005年为世界物理年而出版

数字文明：物理学和计算机　郝柏林　张淑誉　著

边缘奇迹：相变和临界现象　于　渌　郝柏林　陈晓松　著

物质探微：从电子到夸克　陆　埮　罗辽复　著

超越自由：神奇的超导体　章立源　著

溯源探幽：熵的世界　冯　端　冯少彤　著